AF887769

EJERCICIOS DE QUÍMICA INORGÁNICA

EMMANUEL CUÉLLAR

BARKER & JULES®

BARKER & JULES®

Ejercicios de QUÍMICA Inorgánica

Edición: Barker and Jules™
Diseño de Portada: Juan José Hernández Lázaro | Barker & Jules Books™
Diseño de Interiores: María Elisa Almanza | Barker & Jules Books™

Primera edición - 2021
D. R. © 2021, Emmanuel Cuéllar

I.S.B.N. | 978-1-64789-458-0
I.S.B.N. eBook | 978-1-64789-459-7

Todos los derechos reservados. No se permite la reproducción total o parcial de este libro, ni su incorporación a un sistema informático, ni su transmisión en cualquier forma o por cualquier medio, ya sea electrónico, mecánico, fotocopia, grabación u otros, sin autorización expresa y por escrito del autor. La información, la opinión, el análisis y el contenido de esta publicación es responsabilidad de los autores que la signan y no necesariamente representan el punto de vista de Barker & Jules Books.

Las marcas Barker & Jules Books™, Barker & Jules™ y sus derivados son propiedad de BARKER & JULES, LLC.

BARKER & JULES, LLC
2248 Meridian Blvd. Ste. H, Minden, NV 89423
barkerandjules.com

PRESENTACIÓN

Hola, apreciable alumno y alumna, profesor y profesora. Gracias por adquirir este libro, donde aprenderás fácil, rápido y paso a paso, mediante videos organizados de la manera más innovadora, a resolver ejercicios y problemas para cada uno de los 38 temas a tratar.

En la actualidad, una de las mejores formas de aprender es por medio de ejercicios que puedes resolver y en donde la explicación se detalla en un video que se incluye dentro de enlaces o códigos QR con los que accederás al contenido audiovisual. La ventaja de las clases en video es que, las veces que quieras y donde quieras, puedes:

- Ver videos
- Hacer ejercicios
- Comparar y revisar las respuestas

Los temas que conocerás a lo largo del libro son los más importantes que debes aprender para tener una base sobre la química inorgánica, mismos que se ven en todo México y América Latina.

Este libro va dirigido para:

- Estudiantes
- Profesores
- Quien desea aprender

Con esta obra se espera que los alumnos y alumnas aprendan de forma rápida y fácil mediante ejercicios escritos por resolver, así como con problemas explicados en video. Al final de cada tema vienen las respuestas a los ejercicios de práctica, para que compares tus resultados y puedas autoevaluarte.

Cada tema tiene más de 10 ejercicios. Son, entonces, más de 300. Para aprender hay que mecanizar, repetir y, más que nada, comprender.

Los videos que produje para este libro están elaborados en un lenguaje directo además de práctico, poseen ejemplos resueltos y tienen la intención de que el alumno y la alumna los aprendan.

Espero que disfrutes y saques provecho a cada uno de los problemas en este libro.

Emmanuel Asesorías

MÉTODO DE TRABAJO

Este libro es diferente, y con "diferente" quiero decir que va directamente a la resolución de ejercicios y problemas, casi no hay texto ni imágenes; este diseño obedece a que los y las estudiantes quieren aprender rápida y prácticamente. Al iniciar cada tema tendrás una brevísima introducción en texto y después verás los links a los que deberás dar clic; cuando lo hagas, te dirigirás al video en YouTube sobre dicho tema: velo y haz tus apuntes. Luego de eso, podrás hacer los ejercicios propuestos en cada uno de los temas. Una vez que termines cada tema podrás verificar tus resultados en la parte correspondiente para autoevaluarte y, de esa manera, comprobar si has respondido bien a cada uno de los ejercicios.

ACERCA DEL AUTOR

Emmanuel Cuéllar es ingeniero químico, maestro en Ingeniería Industrial, profesor de cátedra y da asesorías y regularizaciones; además, trabaja en la CFE (empresa de electricidad en México). Tiene un canal de YouTube y su sitio web llamado Emmanuel Asesorías, con clases y cursos en línea.

DEDICTORIA

En todos los momentos de la vida, al querer dedicar algo a personas queridas, no se encuentran palabras para realizarlo, pero en esta ocasión tan especial y satisfactoria deseo dedicar mi esfuerzo y trabajo:

A Dios, porque siempre ha formado parte primordial en mi corazón, en mis estudios; porque me ha iluminado y guiado por el mejor de los caminos, en los momentos más difíciles de mi preparación profesional; porque siempre me da aliento para seguir adelante, para no rendirme.

A mi inspiración, es decir, a mis padres, quienes, con su apoyo, comprensión e infinito amor, han sabido orientarme en todos los momentos complicados de mi vida. Su cariño y su sacrificio, los que han volcado para darme la mejor educación, son los motivos para seguir adelante, romper las barreras que se me presentan en el camino y poder llegar a la meta deseada.

A mis hermanos, por haberse preocupado en mi proceso de formación académica y personal, y porque cada vez que necesito de su ayuda me la brindan sin ningún obstáculo.

ÍNDICE

TEMA 1

CLASIFICACIÓN DE LA MATERIA: ESTADO SÓLIDO, LÍQUIDO Y GASEOSO

QUÍMICA es todo lo que existe en el medio ambiente; en el mundo; ¡en el universo!

QUÍMICA es una ciencia que abarca todo lo que podemos ver y sentir en la naturaleza.

QUÍMICA es el aire que respiramos, las frutas que comemos, el agua que bebemos, el coche que manejamos, el celular que utilizamos, la silla donde nos sentamos, el gas con el que cocinamos, la medicina que compramos; y todo, absolutamente todo en la naturaleza, se clasifica en 3 estados: sólido, líquido y gaseoso.

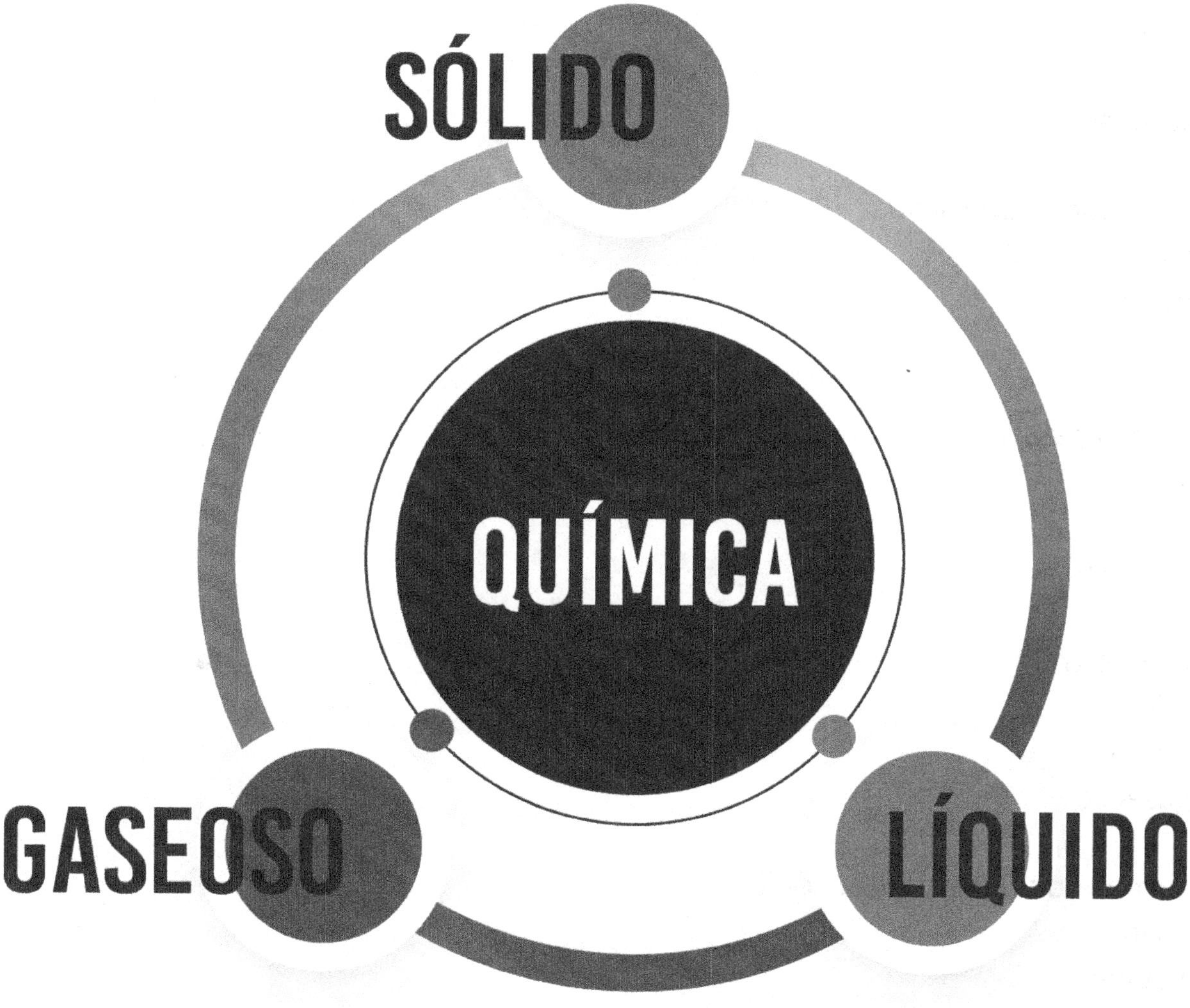

Una de las clasificaciones más importantes en que se divide la materia es de acuerdo a si se encuentra en estado sólido, líquido y gaseoso. ¡Tú conoces a la perfección estás 3 palabras!

EJERCICIO:
CLASIFICA EN ESTADO SÓLIDO, LÍQUIDO Y GASEOSO.

1. Bebida con alcohol
   a. sólido
   b. líquido
   c. gaseoso

2. Oxígeno del aire
   a. sólido
   b. líquido
   c. gaseoso

3. El aire que respiramos
   a. sólido
   b. líquido
   c. gaseoso

4. Gis para pizarrón
   a. sólido
   b. líquido
   c. gaseoso

5. Agua de mar
   a. sólido
   b. líquido
   c. gaseoso

6. Neumáticos de un automóvil
   a. sólido
   b. líquido
   c. gaseoso

7. El cargador de un celular
   a. sólido
   b. líquido
   c. gaseoso

8. Laptops
   a. sólido
   b. líquido
   c. gaseoso

9. Ácido para limpiar baños
   a. sólido
   b. líquido
   c. gaseoso

10. El vapor del agua
   a. sólido
   b. líquido
   c. gaseoso

11. Un anillo de oro de 24 kilates
   a. sólido
   b. líquido
   c. gaseoso

12. Palomitas del cine
   a. sólido
   b. líquido
   c. gaseoso

13. Papas fritas
   a. sólido
   b. líquido
   c. gaseoso

14. Gel antibacterial en spray
   a. sólido
   b. líquido
   c. gaseoso

15. El gas para cocinar
   a. sólido
   b. líquido
   c. gaseoso

16. El vaso para beber refresco
  a. sólido
  b. líquido
  c. gaseoso

RESPUESTAS TEMA 1:

1. líquido
2. gaseoso
3. gaseoso
4. sólido
5. líquido
6. sólido
7. sólido
8. sólido
9. líquido
10. gaseoso
11. sólido
12. sólido
13. sólido
14. líquido
15. gaseoso
16. sólido

TEMA 2

PROPIEDADES QUÍMICAS Y FÍSICAS

Hablamos de propiedades químicas de una sustancia cuando esta SÍ sufre un cambio; es decir, cuando sí cambia de aspecto.

Hablamos de propiedades físicas de una sustancia cuando esta NO sufre un cambio; es decir, cuando no cambia de aspecto.

Para entenderlo mejor, algunos ejemplos de propiedades químicas pueden ser:

- Una explosión de una casa
- Cocinar alimentos
- La oxidación de un clavo
- Quemar gasolina
- Partir un aguacate y dejarlo
- La explosión de una pipa con aceite

Es decir, ¡en todos los ejemplos las sustancias sufren cambios notables y de apariencia!

Para entenderlo mejor, algunos ejemplos de propiedades físicas pueden ser:

- Mezclar dos frutas
- Derramar pintura sobre el piso
- Corta un cable a la mitad
- Doblar muchas hojas en cuadritos
- Estornudar

Es decir, ¡en todos los ejemplos las sustancias no sufren cambios notables ni de apariencia!

EJERCICIO:
CLASIFICA COMO PROPIEDAD QUÍMICA O FÍSICA.

1. Calentar el agua en una olla
   a. propiedad química
   b. propiedad física

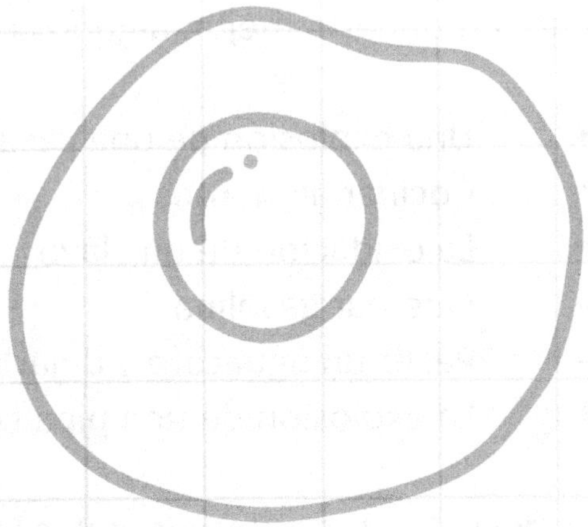

2. Una liga estirada
   a. propiedad química
   b. propiedad física

3. Colocar ácido corrosivo en un clavo
   a. propiedad química
   b. propiedad física

4. Cocinar huevos con tocino
   a. propiedad química
   b. propiedad física

5. Hielo que se derrite
   a. propiedad química
   b. propiedad física

6. Echarle salsa picante a la comida
   a. propiedad química
   b. propiedad física

7. Partir una manzana roja y exponerla al aire durante media hora
   a. propiedad química
   b. propiedad física

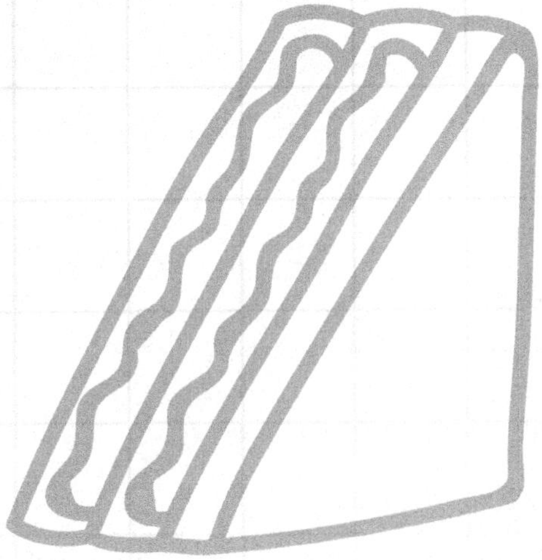

8. Bañarnos con agua caliente en invierno
   a. propiedad química
   b. propiedad física

9. Pastel de chocolate
   a. propiedad química
   b. propiedad física

10. Preparar un café
   a. propiedad química
   b. propiedad física

11. Quemar papeles
   a. propiedad química
   b. propiedad física

12 .Un incendio dentro de un hotel
   a. propiedad química
   b. propiedad física

13. Hornear un pastel de chocolate
   a. propiedad química
   b. propiedad física

14.Lavarme las manos
   a. propiedad química
   b. propiedad física

15. Hacer una carnita asada
   a. propiedad química
   b. propiedad física

16. La combustión de la gasolina despues de manejar un automóvil
   a. propiedad química
   b. propiedad física

17. El choque de un camión contra una pared
   a. propiedad química
   b. propiedad física

18. Incendiar neumáticos
   a. propiedad química
   b. propiedad física

19. La digestión de una persona después de comer
   a. propiedad química
   b. propiedad física

20. Se quemó un huevo
   a. propiedad química
   b. propiedad física

21. Aguacates partidos a la mitad y esperar 40 minutos
   a. propiedad química
   b. propiedad física

RESPUESTAS TEMA 2:

1. física
2. física
3. química
4. química
5. física
6. física
7. química
8. física
9. física
10. física
11. química
12. química
13. química
14. física
15. química
16. química
17. física
18. química
19. química
20. química
21. química

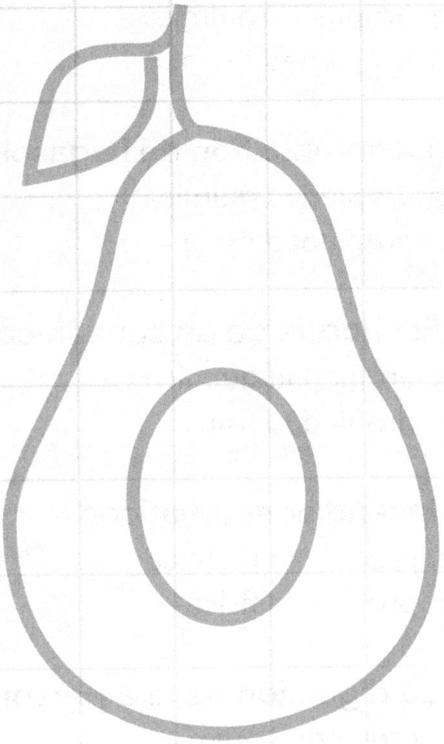

TEMA 3

MEZCLAS, ELEMENTOS Y COMPUESTOS

Las personas que estudian la química tienen otra manera de clasificar cada una de las sustancias que existen en el mundo, inclusive en el universo. Una sustancia, aunque nuestra mente pueda pensar que es "algo" líquido, también puede encontrarse en estado sólido o gaseoso.

La otra forma de clasificar a las sustancias es en mezclas, elementos y compuestos.

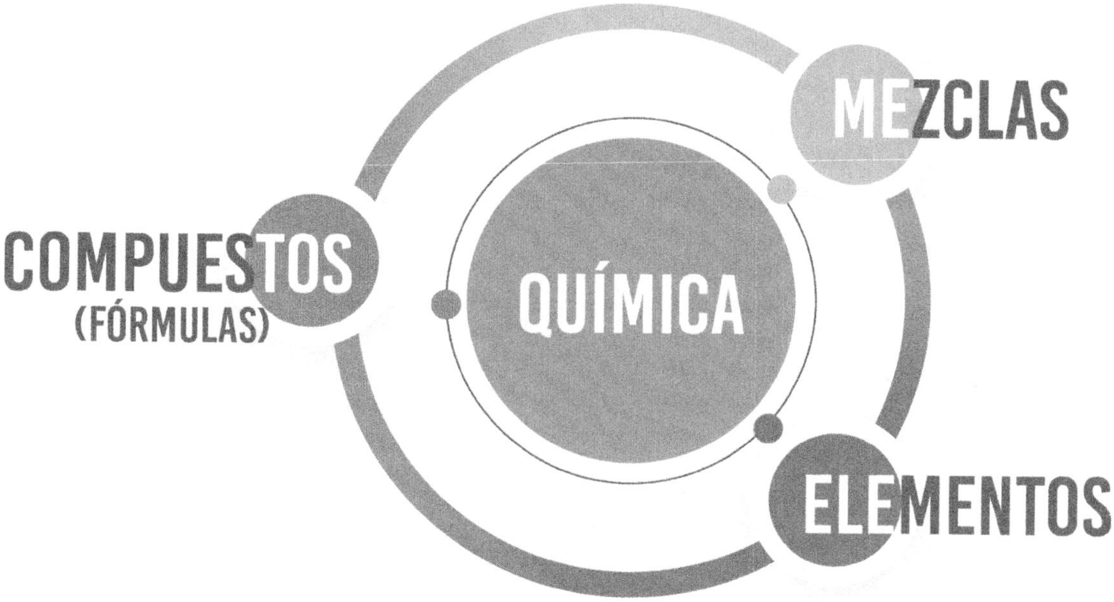

Para entender qué es una mezcla, qué es un elemento y qué son los compuestos, ve el siguiente video:

Aquí encontrarás ejecicios resueltos para resolver los problemas del capítulo

EJERCICIO:
CLASIFICA LAS SIGUIENTES SUSTANCIAS QUÍMICAS COMO MEZCLA, ELEMENTO O COMPUESTO.

1. Ensalada de zanahoria con pepino
   a. mezcla
   b. elemento
   c. compuesto

2. Agua H_2O
   a. mezcla
   b. elemento
   c. compuesto

3. Calcio (Ca)
   a. mezcla
   b. elemento
   c. compuesto

4. Azúcar ($C_{12}H_{22}O_{11}$)
   a. mezcla
   b. elemento
   c. compuesto

5. Palomitas con mantequilla
   a. mezcla
   b. elemento
   c. compuesto

6. Madera de árboles
   a. mezcla
   b. elemento
   c. compuesto

7. Un tanque de gas oxígeno con aire y otro gas
   a. mezcla
   b. elemento
   c. compuesto

8. Sodio (Na)
   a. mezcla
   b. elemento
   c. compuesto

9. Pastel de de zanahoria con chispas de cacao
   a. mezcla
   b. elemento
   c. compuesto

10. Una limonada bien fría
   a. mezcla
   b. elemento
   c. compuesto

11. Plata (Ag)
   a. mezcla
   b. elemento
   c. compuesto

12. Oro (Au)
   a. mezcla
   b. elemento
   c. compuesto

13. Cobre (Cu)
   a. mezcla
   b. elemento
   c. compuesto

14. Alcohol con agua
   a. mezcla
   b. elemento
   c. compuesto

15. Un tanque con oxígeno (O),nitrógeno(N)e hidrógeno(H)
   a. mezcla
   b. elemento
   c. compuesto

RESPUESTAS TEMA 3:

1. mezcla
2. compuesto
3. elemento
4. compuesto
5. mezcla
6. mezcla
7. mezcla
8. elemento
9. mezcla
10. mezcla
11. elemento
12. elemento
13. elemento
14. mezcla
15. mezcla

TEMA 4
LA TABLA PERIÓDICA

La tabla periódica es un documento, generalmente con muchos colores, donde se enlistan TODOS los ELEMENTOS que existen en la tierra, en el suelo, en el aire y en el universo. Es muy importante entender su clasificación.

Básicamente, contiene el nombre del ELEMENTO y su abreviatura con 1 o 2 letras:

Aquí podemos encontrar el oro (Au), que utilizamos en joyería.
Aquí podemos encontrar el oxígeno (O), que es el que respiramos del aire.
Aquí podemos encontrar el cobre (Cu), que se utiliza en las tuberías que llevan agua.
Aquí podemos encontrar el potasio (K), que se encuentra en tomates y plátanos.
Aquí podemos encontrar el helio (He), que es el gas con el que podemos inflar globos.
Aquí podemos encontrar el calcio (Ca), que es el mineral que le da fortaleza a nuestros huesos.
Aquí podemos encontrar el flúor (F), que es el elemento que se encuentra en pastas dentales.

TABLA PERIÓDICA

	1A	2A	3B	4B	5B	6B	7B	8B	9B	10B	1B	2B	3A	4A	5A	6A	7A	8A
1	H																	He
2	Li	Be											B	C	N	O	F	Ne
3	Na	Mg											Al	Si	P	S	Ci	Ar
4	K	Ca	Sc	Ti	V	Cr	Mn	Fe	Co	Ni	Cu	Zn	Ga	Ge	As	Se	Br	Kr
5	Rb	Sr	Y	Zr	Nb	Mo	Tc	Ru	Rh	Pd	Ag	Cd	In	Sn	Sb	Te	I	Xe
6	Cs	Ba	La - Lu	Hf	Ta	W	Re	Os	Ir	Pt	Au	Hg	Ti	Pb	Bi	Po	At	Rn
7	Fr	Ra	Ac - Lr	Rf	Db	Sg	Bh	Hs	Mt	Ds	Rg	Cn						

EJERCICIO:
SUBRAYA LA ABREVIATURA QUE CORRESPONDE AL NOMBRE DE CADA ELEMENTO, APÓYATE VIENDO LA TABLA PERIÓDICA.

1. Símbolo del oro
   a. au
   b. Au
   c. Or
   d. Ag

2. Símbolo del sodio
   a. So
   b. na
   c. Na
   d. An

3. Símbolo del hierro
   a. Fe
   b. fe
   c. He
   d. Fi

4. Símbolo del potasio
   a. Po
   b. Fo
   c. P
   d. K

5. Símbolo del neón
   a. Ne
   b. He
   c. Ar
   d. Ca

6. Símbolo del estaño
   a. Sn
   b. Es

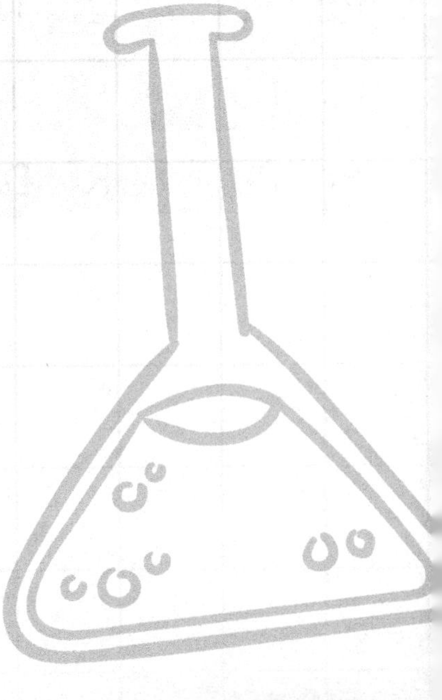

c. Sb
d. Al

7. Símbolo del azufre
a. As
b. Az
c. S
d. s

8. Símbolo del selenio
a. se
b. Se
c. S
d. Sb

9. Símbolo del calcio
a. Ca
b. C
c. Cu
d. Cl

10. Símbolo del carbono
a. Ca
b. C
c. Cu
d. Cl

11. Símbolo del bismuto
a. Ni
b. Bi
c. Zr
d. P

12 .Símbolo del estroncio
a. Sn
b. S
c. Es
d. Sr

13. Nombre del Ag

a. plata
b. oro
c. aluminio
d. nitrógeno

14. Nombre del Mo

a. molibdeno
b. magnesio
c. manganeso
d. Nitrógeno

15. Nombre del Zn

a. zinc
b. hierro
c. níquel
d. cadmio

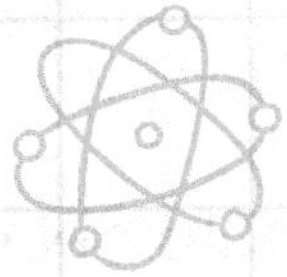

16. Nombre del Ga

a. galio
b. calcio
c. carbono
d. boro

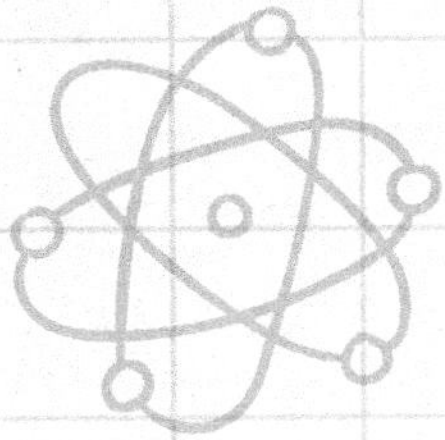

17. Nombre del Cd

a. cobre
b. cadmio
c. cesio
d. calcio

18. Nombre del As

a. arsénico
b. antimonio
c. fósforo
d. polonio

19. Nombre del Sb

a. selenio
b. azufre

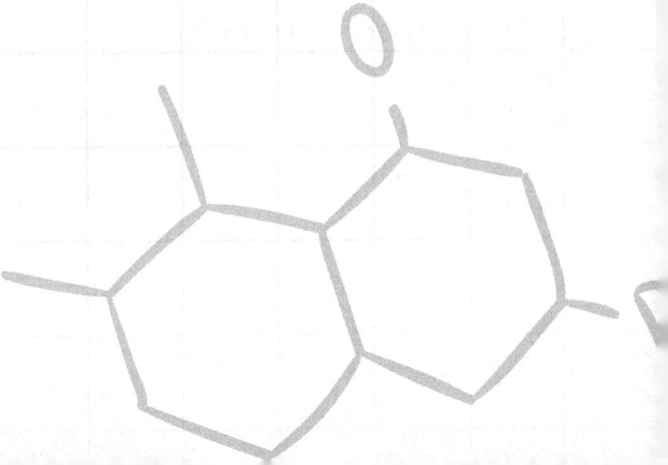

c. antimonio
d. estaño

20. Nombre del Ni
a. nitrógeno
b. neón
c. níquel
d. selenio

21. Nombre del P
a. potasio
b. plomo
c. pósforo
d. fósforo

22 .Nombre del Pb
a. potasio
b. plomo
c. polonio
d. fósforo

23. Son los símbolos químicos del carbono,germanio y antimonio
a. C-Gr-At
b. Ca-Ge-Sb
c. C-Ge-Sb
d. C-Ge-An

24. Son los símbolos químicos del alumino,nitrógeno y fósforo
a. Al-Ni-P
b. Al-N-P
c. Al-N-Fo
d. Al-Ni-F

25. Son los símbolos químicos del plomo,bismuto y estaño
a. Pb-Bi-Sn
b. Pl-Bi-Sn
c. Pb-Bi-Es
d. Pl-Bi-Es

RESPUESTAS TEMA 4:

1. Au
2. Na
3. Fe
4. K
5. Ne
6. Sn
7. S
8. Se
9. Ca
10. C
11. Bi
12. Sr
13. plata
14. molibdeno
15. zinc
16. galio
17. cadmio
18. arsénico
19. antimonio
20. níquel
21. fósforo
22. plomo
23. C-Ge-Sb
24. Al-N-P
25. Pb-Bi-Sn

TEMA 5

METALES Y NO METALES

La tabla periódica se clasifica en 3 grandes grupos:

- Metales
- No metales
- Metaloides (semimetales)

Los metales brillan, conducen el calor, valen mucho dinero y son los que más abundan en la tabla periódica y, por lo tanto, en el planeta.

Los no metales no brillan, son opacos, no conducen el calor, tienen poco valor.

Los metaloides son lo intermedio de los metales y no metales

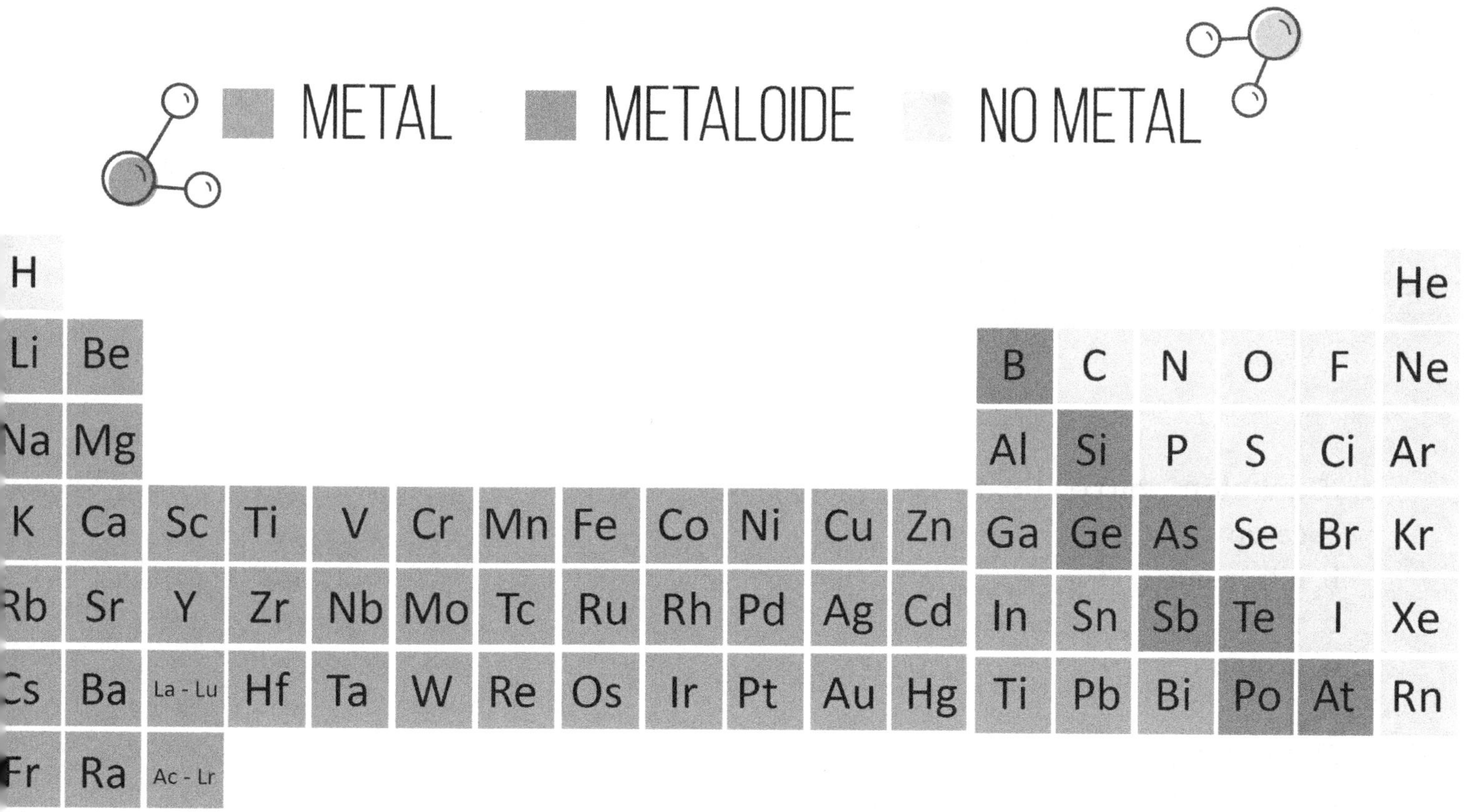

EJERCICIO:
VE EL SIGUIENTE VIDEO, TE AYUDARÁ PARA CONTESTAR LAS PREGUNTAS. APÓYATE SOBRE LA TABLA PERIÓDICA ANTERIOR..

Aquí encontrarás ejecicios resueltos para resolver los problemas del capítulo

1. ¿Cuál elemento es un metal?
   a. calcio
   b. nitrógeno
   c. cloro
   d. bromo

2. Es un metal
   a. antimonio
   b. indio
   c. flúor
   d. carbono

3. ¿Cuáles elementos son 2 metales?
   a. calcio y oxígeno
   b. cadmio y antimonio
   c. kriptón y flúor
   d. sodio y cobalto

4. De los siguientes elementos,es un no metal
   a. cromo
   b. vanadio
   c. bromo
   d. aluminio

5. De las siguientes parejas de elementos,son 2 no metales
   a. níquel y cobre
   b. rubidio y estaño
   c. mercurio y oxígeno
   d. azufre y cloro

6. ¿Cuál es el metaloide?
   a. telurio
   b. neón
   c. sodio
   d. plata

7. Son un metal y un no metal en la siguiente lista de parejas de elementos químicos
   a. calcio y nitrógeno
   b. calcio y aluminio
   c. calcio y hierro
   d. bromo y nitrógeno

8 .Son 3 metales en las siguiente lista de elementos
   a. potasio, cromo y nitrógeno
   b. hierro, plata y magnesio
   c. nitrógeno, oxígeno y azufre
   d. cloro, oro y plata

9. Es una pareja de elementos no metales
   a. oro y xenón
   b. argón y rubidio
   c. molibdeno y níquel
   d. azufre y argón

10. ¿Cuál de los siguientes elementos es un metaloide?
   a. boro
   b. bromo
   c. berilio
   d. mercurio

11. ¿Cuál de los siguientes elementos es un metal?
   a. carbono
   b. oxígeno
   c. yodo
   d. osmio

12. ¿Cuál elemento es un no metal?
   a. fósforo
   b. germanio
   c. cromo
   d. manganeso

13. Representa una pareja de metales
   a. cesio y neón
   b. estroncio y oxígeno
   c. platino y paladio
   d. germanio y azufre

14. Son 3 elementos metálicos en los siguientes tríos
   a. Na-C-Ne
   b. S-As-Cl
   c. Br-F-Au
   d. Fe-Tl-Ta

RESPUESTAS TEMA 5:

1. calcio
2. indio
3. sodio y cobalto
4. bromo
5. azufre y cloro
6. telurio
7. calcio y nitrógeno
8. hierro, plata y magnesio
9. azufre y argón
10. boro
11. osmio
12. fósforo
13. platino y paladio
14. Fe-Tl-Ta

TEMA 6

GRUPOS Y FAMILIAS

La tabla periódica está compuesta de columnas a las que se les denominan GRUPOS o FAMILIAS, y se catalogan en GRUPO "A" y GRUPO "B".

Son 8 grupos A y 10 grupos B.

Esta es la característica más usual y práctica (clasificar a los elementos por GRUPOS), ya que los elementos tienen propiedades similares de acuerdo al grupo al que pertenecen. Cada columna también tiene un nombre específico como lo podrás observar a continuación.

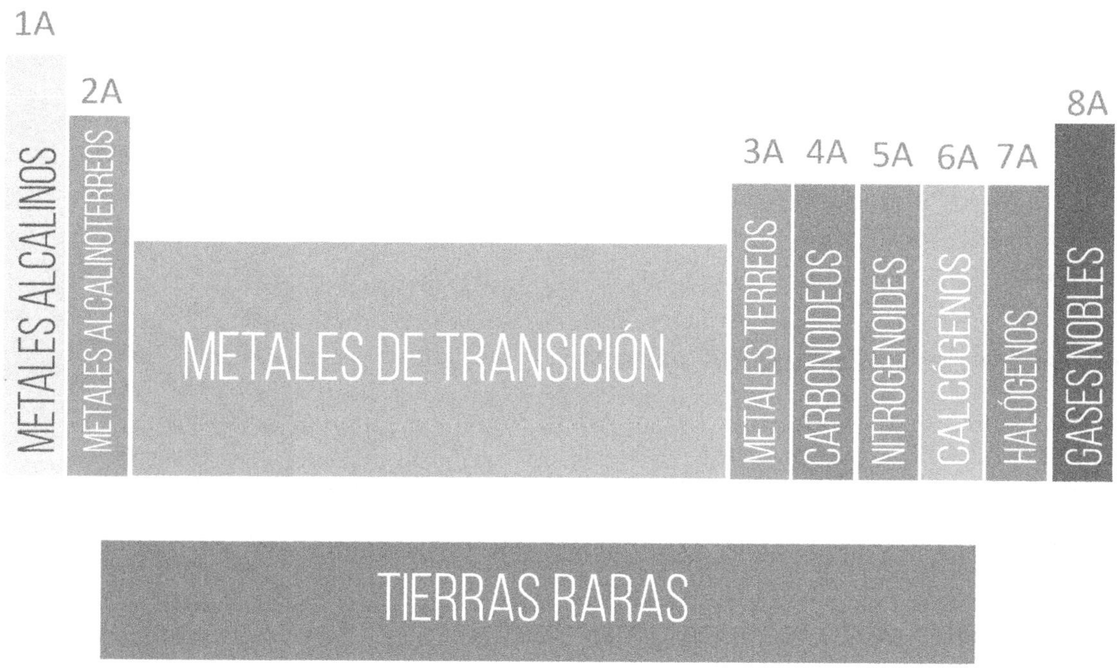

Ve los siguientes videos. Con ayuda de las tablas periódicas anteriores podrás responder las preguntas.

Aquí encontrarás ejecicios resueltos para resolver los problemas del capítulo

EJERCICIO:
DETERMINA A QUÉ GRUPO PERTENECE CADA ELEMENTO.

1. Es un elemento del grupo 1A
   a. sodio
   b. carbono
   c. zinc
   d. zirconio

2. Es un elemento del grupo 2A
   a. oro
   b. plomo
   c. cobre
   d. berilio

3. Son elementos del grupo 6A,excepto
   a. carbono
   b. oxígeno
   c. azufre
   d. polonio

4. Elementos que pertenecen al grupo 2A
   a. sodio y berilio
   b. sodio y calcio
   c. calcio y estroncio
   d. estroncio y aluminio

5. El aluminio se ubica en el grupo
   a. 1A
   b. 2A
   c. 3A
   d. 4A

6. El elemento bario se ubica en el grupo llamado
   a. alcalinos
   b. alcalinotérreos
   c. térreos
   d. carbonoides

7. El azufre y el cloro se ubican,respectivamente,en los grupos
   a. 6 Y 8A
   b. 7 y 8A
   c. 6 y 7A
   d. 5 y 7A

8. El elemento oro se ubica en la familia
   a. 1B
   b. 2B
   c. 1A
   d. 3B

1A

9 .El elemento vanadio se ubica en la familia
   a. 3B
   b. 4B
   c. 5B
   d. 6B

10. El germanio y el arsénico pertenecen a los grupos
   a. 4 Y 5A
   b. 5 y 6A
   c. 3 y 4A
   d. 2 y 7A

11. Elemento del grupo 5A
   a. flúor (F)
   b. carbono (C)
   c. nitrógeno (N)
   d. níquel (Ni)

5A

12. Elemento del grupo 6A
   a. azufre (S)
   b flúor (F)
   c. calcio (Ca)
   d. cromo (Cr)

Ca

13. Elemento de la familia de los halógenos
   a. flúor (F)
   b. cloro (Cl)

c. bromo (Br)
d. todos los anteriores

14 .Elemento de la familia de los gases nobles
a. helio (He)
b. yodo (I)
c. zirconio (Zr)
d. zinc (Zn)

15 .Elemento que pertenece a los metales de transición
a. plomo (Pb)
b. plata (Ag)
c. fósforo (P)
d. potasio (K)

16. Es un metal de la familia de los alcalinotérreos
a. radio (Ra)
b. aluminio (Al)
c. carbono (C)
d. oxígeno (O)

RESPUESTAS TEMA 6:

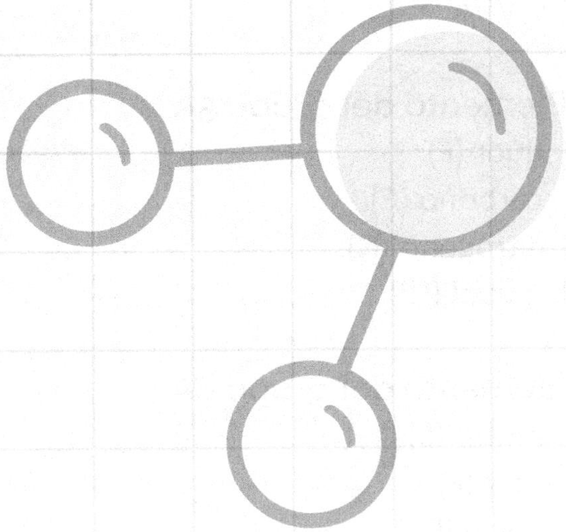

1. sodio
2. berilio
3. carbono
4. calcio y estroncio
5. 3A
6. alcalinotérreos
7. 6 y 7A
8. 1B
9. 5B
10. 4 y 5A
11. nitrógeno (N)
12. azufre (S)
13. todas las anteriores
14. helio (He)
15. plata (Ag)
16. radio (Ra)

TEMA 7

BLOQUES O SUBNIVELES

La última forma en que podemos clasificar o dividir los elementos es de acuerdo al llamado bloque o subnivel; consiste en asignarle una letra dependiendo del grupo al que pertenezca. Esa nomenclatura corresponde a s, p, d y f como se ve en la figura.

De igual manera, puedes observar en la tabla que los renglones o filas están enumerados, este dato es de igual manera importante, ya que hay 7 renglones en la tabla periódica.

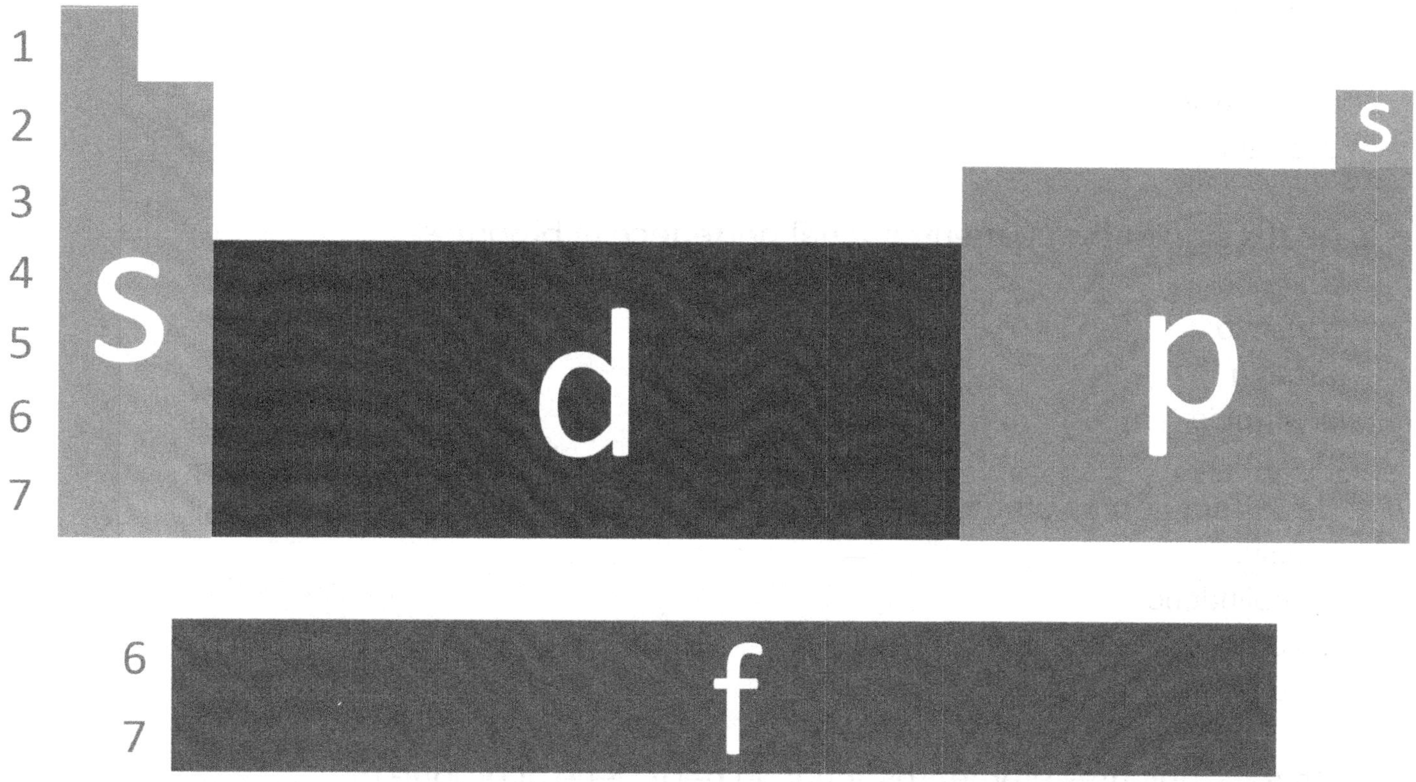

EJERCICIO:
RELACIONA EL ELEMENTO CON EL BLOQUE O SUBNIVEL AL QUE PERTENECE, CON AYUDA DE LOS NOMBRES DE LOS ELEMENTOS EN TU TABLA PERIÓDICA Y DE LA TABLA ANTERIOR DE BLOQUE S, P, D Y F.

1. De los siguientes elementos,¿cuál pertenece al bloque p?
   a. iridio
   b. escandio
   c. estroncio
   d. argón

2. De los siguientes elementos,¿cuál pertenece al bloque s?
   a. xenón
   b. osmio
   c. radio
   d. europio

3. De los siguientes elementos,¿cuál pertenece al bloque d?
   a. galio
   b. molibdeno
   c. yodo
   d. rubidio

4. De los siguientes elementos,¿cuál no pertenece al bloque p?
   a. selenio
   b. silicio
   c. bismuto
   d. oro

5 .De los siguientes elementos,¿cuál no pertenece al bloque d?
   a. hidrógeno
   b. paladio
   c. titanio
   d. tungsteno

6. De los siguientes elementos,¿cuál pertenece al bloque s y p,respectivamente?
   a. magnesio y calcio
   b. azufre y sodio
   c. sodio y azufre
   d. cobalto y oxígeno

7. De los siguientes elementos,¿cuál pertenece al bloque s y p,respectivamente?
   a. cloro y argón
   b. potasio y aluminio
   c. astato y berilio
   d. hidrógeno y cadmio

8. ¿En cuál renglón se encuentra el elemento potasio de acuerdo a la tabla periódica?
   a. 1
   b. 2
   c. 3
   d. 4

9. ¿En cuál renglón se encuentra el elemento silicio de acuerdo a la tabla periódica?
   a. 1
   b. 2
   c. 3
   d. 4

10. ¿En cuál renglón se encuentra el elemento yodo de acuerdo a la tabla periódica?
   a. 3
   b. 4
   c. 5
   d. 6

11. ¿En cuáles renglones se ubican el selenio y el telurio,respectivamente?
   a. 4 y 5
   b. 3 y 4
   c. 5 y 6
   d. 5 y 4

RESPUESTAS TEMA 7:

1. argón
2. radio
3. molibdeno
4. oro
5. hidrógeno
6. sodio y azufre
7. potasio y aluminio
8. 4
9. 3
10. 5
11. 4 y 5

TEMA 8

ELEMENTOS Y COMPUESTOS

Los elementos son cada una de las sustancias que aparecen en los "cuadritos" de la tabla periódica; son aproximadamente 120 los que existen en todo el mundo y universo. Algunos ejemplos son oro, plata, sodio, carbono, oxígeno, etc.

Un compuesto se da cuando 2 o más elementos se agrupan y se juntan, de ahí su nombre, porque están COMPUESTOS.

ELEMENTOS

Es cualquiera de la tabla periódica

Ejemplos:

- Na
- H
- Cu
- Mg

COMPUESTOS

Son la COMBINACIÓN de 2 o más elementos de la tabla periódica, también se les llama FÓRMULAS

Ejemplos:

- H_2O
- Na_2CO_3
- H_2SO_4
- $Mg(OH)_2$

EJERCICIO: APOYÁNDOTE DE LA TABLA PERIÓDICA, RESPONDE LAS PREGUNTAS SIGUIENTES SOBRE ELEMENTOS (LOS DE LA TABLA PERIÓDICA) Y COMPUESTOS (LOS QUE TIENEN FÓRMULA GRANDE

1.¿Cuál de las siguientes opciones muestra un elemento de la tabla periódica?

a. CCl_4
b. NH_3
c. CO_2
d. Br

2. ¿Cuál de las siguientes opciones muestra el símbolo de un elemento?

a. H_2O
b. Cl
c. CH_4
d. $H2SO_4$

3. ¿Cuál de las siguientes opciones muestra un elemento?

a. H_3P
b. Al
c. H_2O
d. $Al(OH)_3$

4. ¿Cuál de las siguientes opciones muestra la fórmula de un compuesto?

a. CCl_4
b. N
c. O_2
d. Br

5. ¿Cuál de las siguientes opciones muestra la fórmula de un compuesto?

a. H_2O
b. Cl
c. H_2
d. O_2

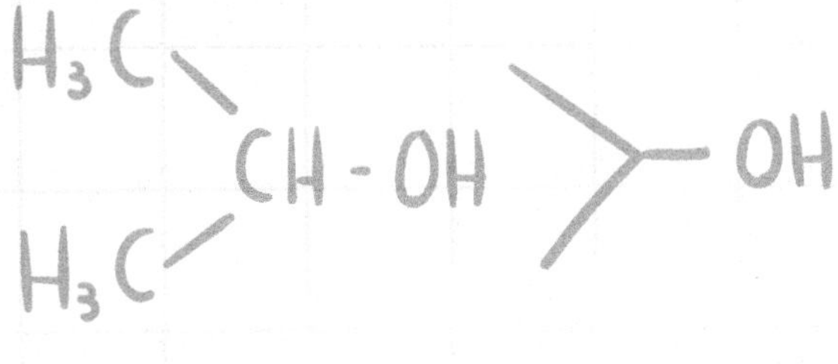

6. ¿Qué elementos contiene la fórmula H_2O?
   a. hidrógeno y oxígeno
   b. hidrógeno y cloro
   c. oxígeno y carbono
   d. hidrógeno y nitrógeno

7. ¿Qué elementos contiene la fórmula H_3PO_4?
   a. hidrógeno y oxígeno
   b. hidrógeno, fósforo y oxígeno
   c. hidrógeno, potasio y oxígeno
   d. fósforo, oxígeno y potasio

8. ¿Cuál de las siguientes opciones representa una fórmula química?
   a. Br
   b. $MgCl_2$
   c. Fe
   d. Xe

9. ¿Cuál de las siguientes opciones representa una fórmula química?
   a. $Fe(OH)_3$
   b. C
   c. Ca
   d. Co

10 ¿Cuál de las siguientes opciones representa una pareja de compuestos químicos?
   a. Ge y Al
   b. Ga y Bi
   c. Br_2 y F_2
   d. CO_2 y SO_3

$$2H_2 + O_2 \rightarrow 2H_2O$$

RESPUESTAS TEMA 8:

1. bromo
2. cloro
3. aluminio
4. CCl_4
5. H_2O
6. hidrógeno y oxígeno
7. hidrógeno, fósforo y oxígeno
8. $MgCl_2$
9. $Fe(OH)_3$
10. CO_2 y SO_3

TEMA 9

ÁTOMOS Y MOLÉCULAS

Átomo es la partícula más pequeña de un elemento. (Recuerda que los elementos son todos los que aparecen en la tabla periódica).

Cualquier elemento de la tabla periódica está compuesto por miles o millones de átomos. Un anillo de oro tendrá, así, millones de átomos; 2 gramos de sodio tendrán millones de átomos; un tanque con oxígeno para respirar tendrá millones de partículas llamados átomos.

Molécula es la unión de 2 o más átomos.

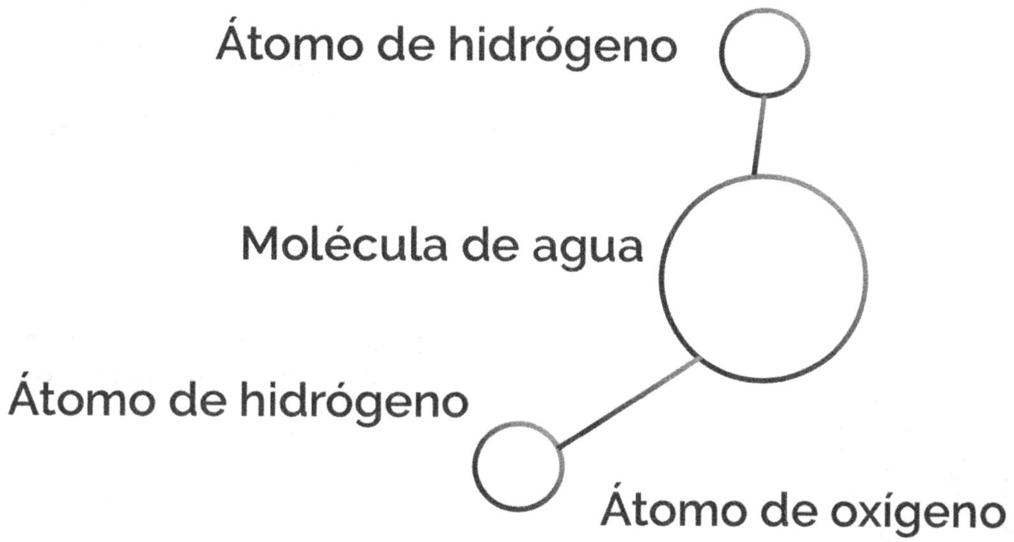

Hay diferentes maneras de representar las moléculas (mediante esferas y líneas):

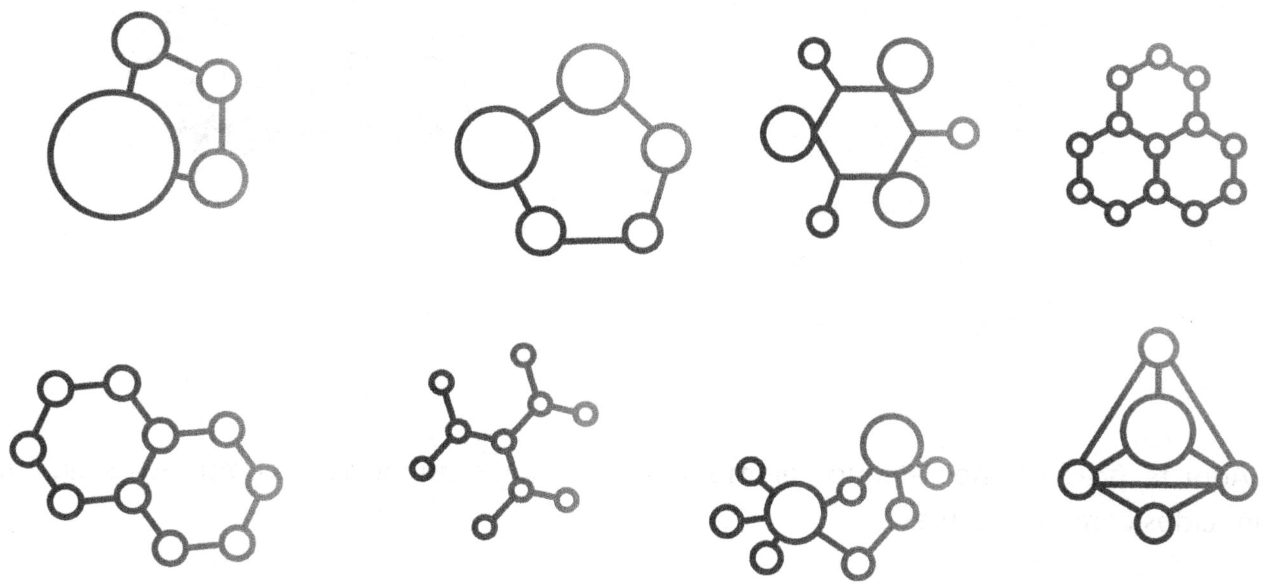

Aquí encontrarás ejecicios resueltos para resolver los problemas del capítulo

Aquí te presentamos algunos ejemplos de fórmulas químicas o compuestos químicos conocidos como moléculas:

Agua
H_2O

La molécula de agua está formada por 2 átomos de hidrógeno y 1 átomo de oxígeno:

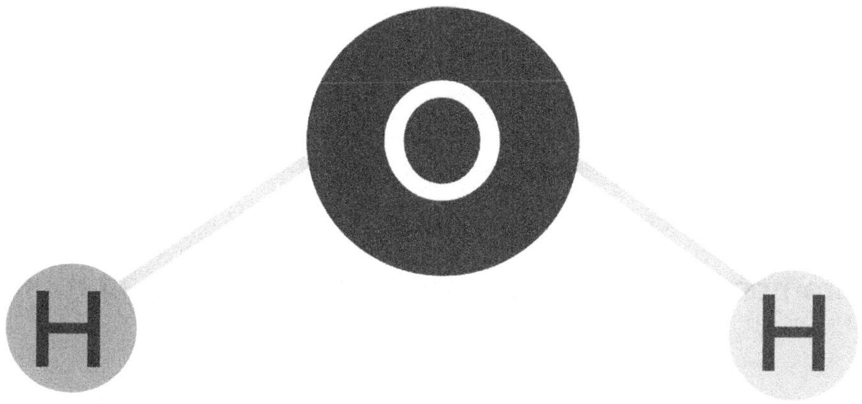

Ácido Clorhídrico
HCl

La molécula de ácido clorhídrico está formada por 1 átomo de hidrógeno y 1 átomo de cloro:

EJERCICIO:
CONTESTA LAS PREGUNTAS SOBRE ÁTOMOS Y MOLÉCULAS DE FÓRMULAS QUÍMICAS.

1. A partir de 4 átomos de hidrógeno y 1 átomo de carbono,la molécula resultante será

a. H_4
b. C_2H_6
c. H_4C
d. H_3C_4

2. A partir de 2 átomos de hidrógeno,1 átomo de azufre y 4 átomos de oxígeno,la fórmula es:

a. HSO
b. $2H_1S_4O$
c. H_2SO_4
d. $H_2S_2O_4$

3. La molécula al unir 2 átomos de carbono,3 átomos de cloro y 2 de oxígeno será

a. $2C_3Cl_2O$
b. $C_2Cl_3O_2$
c. $C_3Cl_2O_2$
d. $C_2Cl_2O_3$

Observa cómo son las moléculas (formadas por átomos):

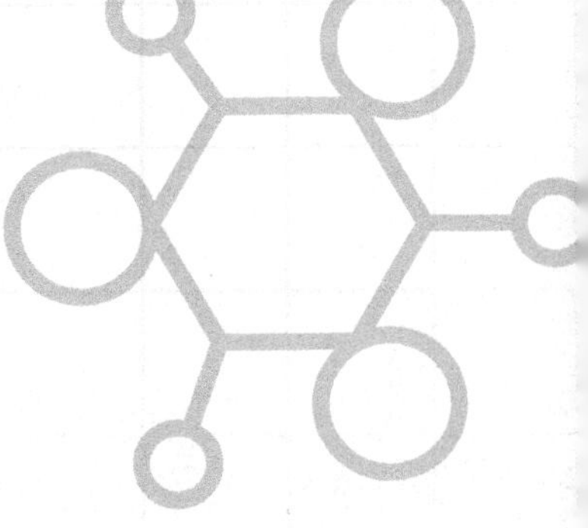

Es la representación en fórma de molécula del amoniaco (NH_3)

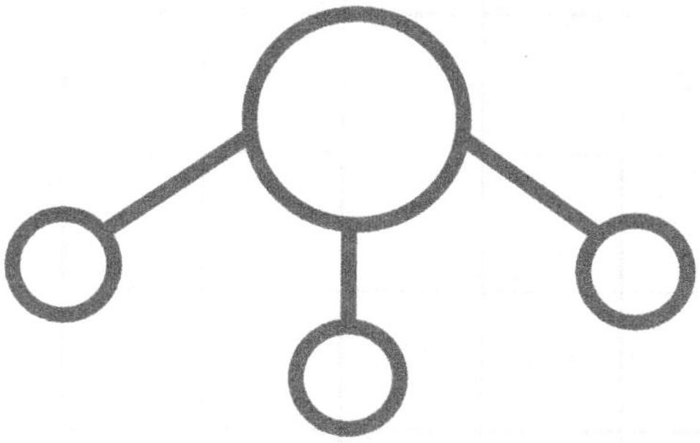

Es la representación en fórma de molécula del agua (H_2O)

Es la representación en fórma de molécula del metano (CH_4)

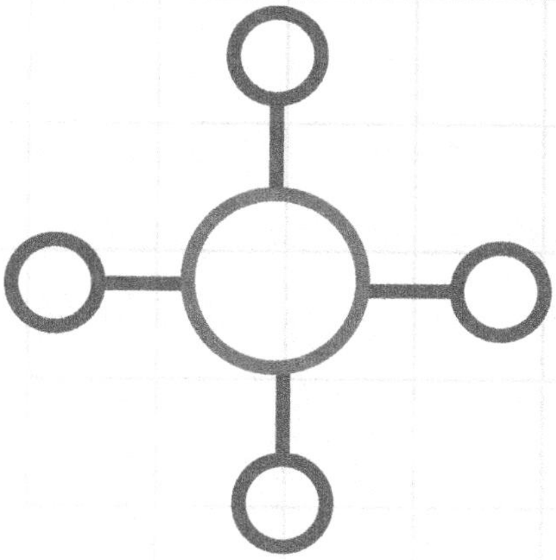

Es la representación en fórma de molécula del ácido clorhídrico (HCl)

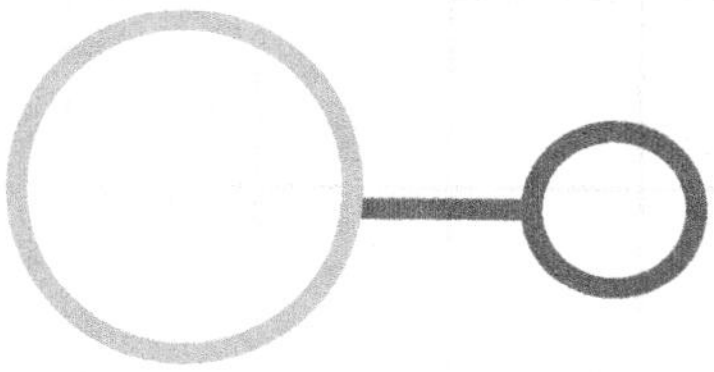

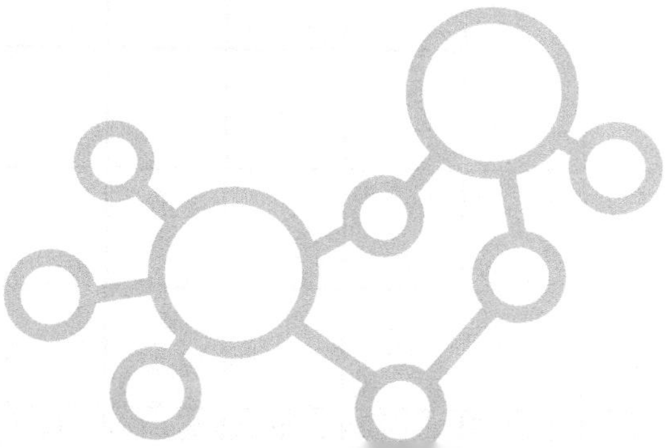

Es la representación en estructura molecular del fluoruro de calcio (CaF_2)

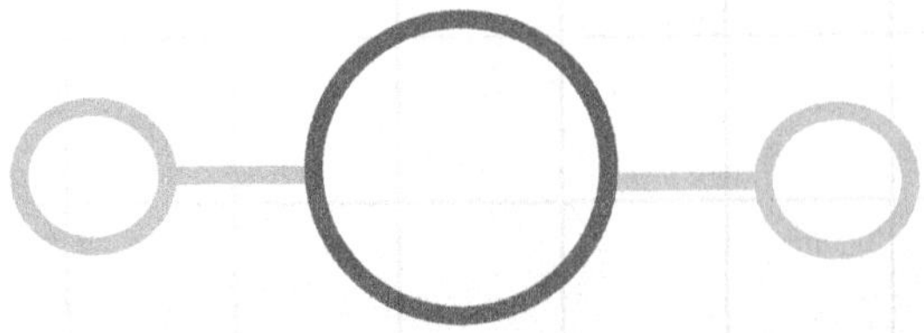

RESPUESTAS TEMA 9:

1. c
2. c
3. b

TEMA 10

INSTRUMENTOS O RECIPIENTES MÁS USADOS EN QUÍMICA

INSTRUMENTOS PARA MEDIR LÍQUIDOS

¡Son como vasos!

- PROBETAS
- BURETAS
- VASOS DE PRECIPITADOS
- MATRACES ERLENMAYER
- PIPETAS

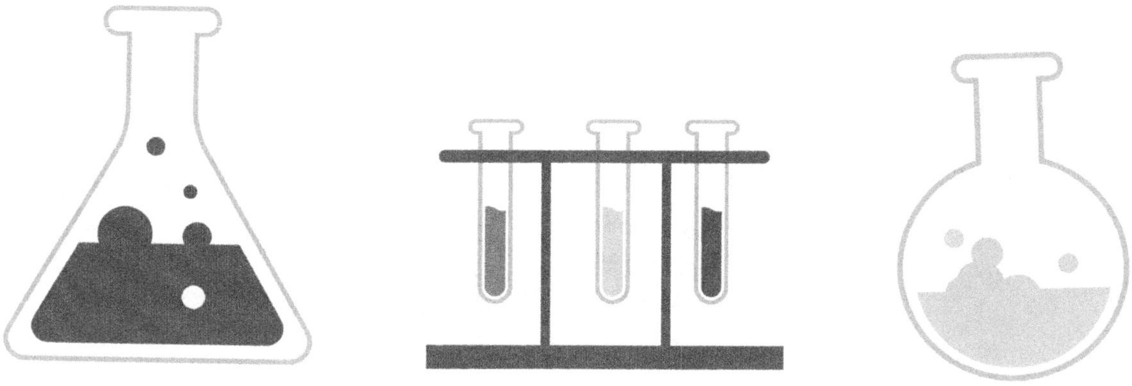

INSTRUMENTOS DE LABORATORIO PARA PESAR

¡Son como básculas!

- BÁSCULAS
- BALANZAS
- PESAS

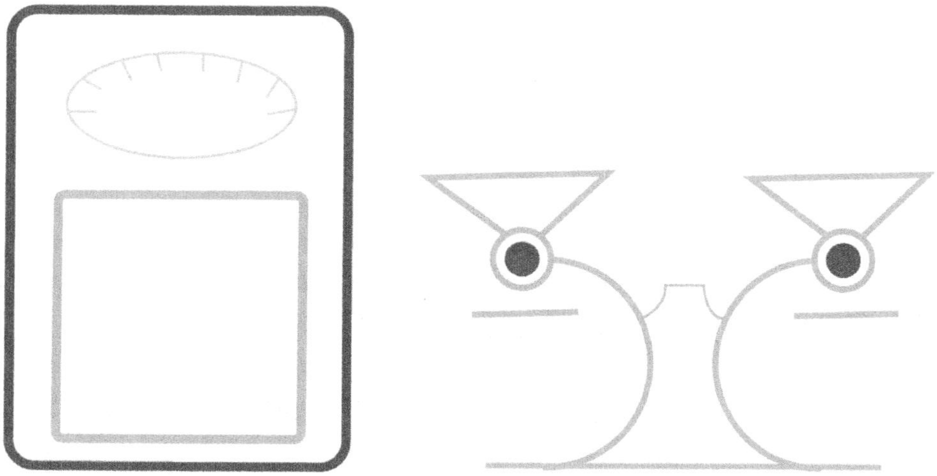

INSTRUMENTOS DE LABORATORIO PARA MEDIR LAS TEMPERATURAS

¡Son los termómetros!

- TERMÓMETROS
- TERMOPARES
- TERMÓMETROS DIGITALES

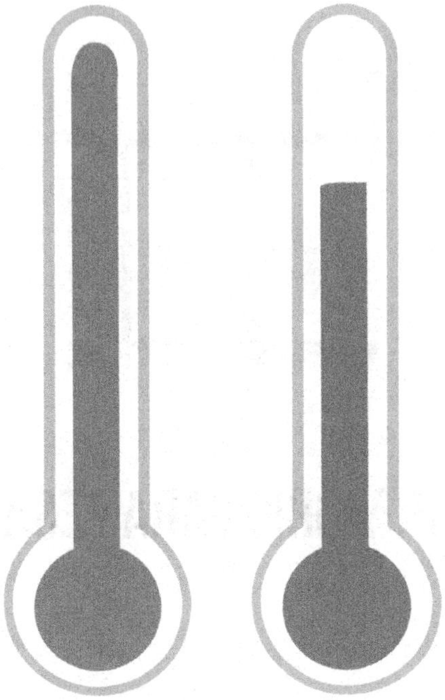

TEMA 11

ELECTRONES, PROTONES Y NEUTRONES EN UN ÁTOMO

Como recordarás, un ÁTOMO es la partícula más pequeña de un ELEMENTO.

Si tenemos un lingote de oro puro, estamos hablando de millones de átomos de oro; si hacemos polvo ese lingote, el oro seguirá siendo oro, pero en forma de talco, y, de igual manera, tendrá millones de átomos.

El sistema solar es como un átomo. En el centro está el sol y alrededor, girando, están los planetas.

Asimismo, el átomo, que es una esfera, tiene al centro un núcleo que contiene partículas llamadas protones y neutrones y, en torno suyo, girando en órbitas, están los electrones. Por lo tanto y resumiendo, un átomo tiene 3 partículas: protones y neutrones al centro y electrones alrededor.

Algunas maneras de representar los átomos y sus electrones, protones y neutrones son las siguientes:

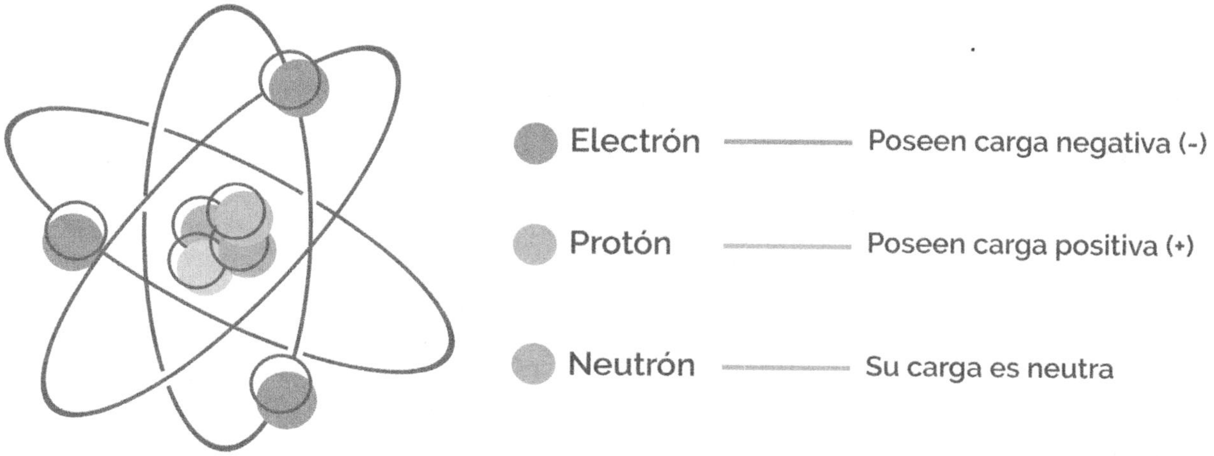

Aquí encontrarás ejecicios resueltos para resolver los problemas del capítulo

EJERCICIO:
GUÍATE VIENDO LOS 2 VÍDEOS ANEXADOS PARA RESPONDER Y RELLENAR LA SIGUIENTE TABLA. REQUERIRÁS DE LA TABLA PERIÓDICA PARA PODER SABER EL NÚMERO DE MASA Y ATÓMICO. ¡REDONDEA LOS DECIMALES SIEMPRE!

ELEMENTO	A # deMasa	Z # atómico	P protónes	E electrónes	N neutrónes
Cl					
Na					
Co					
Sn					
Pb					
Estroncio					
Hierro					
Plata					
Calcio					
Auminio					
Platino					

RESPUESTAS TEMA 11:

Las respuestas son en el orden siguiente: A, Z, P, E, N.

1. cloro: 36, 17, 17, 17, 19
2. sodio: 23, 11, 11, 11, 12
3. cobalto: 59, 27, 27, 27, 32
4. estaño: 119, 50, 50, 50, 69
5. plomo: 208, 82, 82, 82, 126
6. estroncio: 88, 38, 38, 38, 50
7. hierro: 56, 26, 26, 26, 30
8. plata: 108, 47, 47, 47, 61
9. calcio: 40, 20, 20, 20, 20
10. aluminio: 27, 13, 13, 13, 14
11. platino: 196, 78, 78, 78, 118

TEMA 12

ELECTRONEGATIVIDAD

La electronegatividad es la tendencia para saber qué átomo es más fuerte dentro de una molécula y saber el tipo de enlace que se presenta. La electronegatividad se calcula con tan solo una resta (diferencia de valores) de acuerdo a los valores estándares de la tabla periódica:

							H 2,1									
Li 1,0	Be 1,5											B 2,0	C 2,5	N 3,0	O 3,5	F 4,0
Na 0,9	Mg 1,2											Al 1,5	Si 1,8	P 2,1	S 2,5	Cl 3
K 0,8	Ca 1,0	Sc 1,3	Ti 1,5	V 1,6	Cr 1,6	Mn 1,5	Fe 1,8	Co 1,9	Ni 1,9	Cu 1,9	Zn 1,6	Ga 1,6	Ge 1,8	As 2,0	Se 2,4	Br 2,8
Rb 0,8	Sr 1,0	Y 1,2	Zr 1,4	Nb 1,6	Mo 1,8	Tc 1,9	Ru 2,2	Rh 2,2	Pd 2,2	Ag 1,9	Cd 1,9	In 1,7	Sn 1,8	Sb 1,9	Te 2,1	I 2,5
Cs 0,7	Ba 0,9	La 1,0	Hf 1,3	Ta 1,5	W 1,7	Re 1,9	Os 2,2	Ir 2,2	Pt 2,2	Au 2,4	Hg 1,9	Tl 1,8	Pb 1,9	Bi 1,9	Po 2,0	At 2,2
Fr 0,7	Ra 0,9	Ac 1,1														

SI ES MAYOR O IGUAL A 1.7	ES IÓNICO
SI ES MENOR A 1.7	ES COVALENTE POLAR
SI ES IGUAL A 0	ES COVALENTE NO POLAR

Aquí encontrarás ejecicios resueltos para resolver los problemas del capítulo

EJERCICIO: CONTESTA PARA ENCONTRAR LA ELECTRONEGATIVIDAD O TIPO DE ENLACE, SEGÚN CORRESPONDA, APOYÁNDOTE DE LOS VALORES DE LA TABLA PERIÓDICA CON ELECTRONEGATIVIDADES.

1. ¿Cuál será la electronegatividad del cloruro de sodio (NaCl)?
   a. 2.0
   b. 2.1
   c. 1.7
   d. 0.2

2. ¿Cuál será la electronegatividad del sulfuro de magnesio (MgS)?
   a. 1.3
   b. 3.1
   c. -1.3
   d. 1.7

3. ¿Cuál será la electronegatividad del bromuro de calcio ($CaBr_2$)?
   a. 3.8
   b. 1.8
   c. 8.1
   d. 1.7

4. ¿Cuál será la electronegatividad del mónoxido de carbono (CO),causante de la contaminación?
   a. 1.0
   b. 2.0
   c. 6.0
   d. 1.1

5. Utilizando la tabla de electronegatividad,¿cuál compuesto representa un enlace iónico?

a. H_2O
b. NaCl
c. Cl_2
d. N_2

6. El cloruro de sodio:NaCl,¿qué tipo de enlace presenta de acuerdo a la electronegatividad?

a. iónico
b. covalente polar
c. covalente no polar

7. El cloruro ferroso ($FeCl_2$),¿qué tipo de enlace presenta de acuerdo a la electronegatividad?

a. iónico
b. covalente polar
c. covalente no polar

8.El bromuro de plata (AgBr),¿qué tipo de enlace presenta de acuerdo a la electronegatividad?

a. iónico
b. covalente polar
c. covalente no polar

9. El agua (H_2O),¿qué tipo de enlace presenta?

a. iónico
b. covalente polar
c. covalente no polar

10. ¿Cuál es la electronegatividad del fluoruro sódico (NaF)?

a. 3.1
b. 1.3
c. 2.3
d. 3.2

11. Calcula la electronegatividad del sulfuro de magnesio (MgS)

a. 2.3
b. 1.9
c. 1.3
d. 3.0

12. Obtén la electronegatividad del fluoruro férrico (FeF_3)

a. 2.7
b. 2.2
c. 3.4
d. 2.3

13. El óxido férrico (Fe_2O_3),¿qué tipo de enlace presenta?

a. iónico
b. covalente polar
c. covalente no polar

14. El óxido antimónico (Sb_2O_5),¿qué tipo de enlace presenta?

a. iónico
b. covalente polar
c. covalente no polar

RESPUESTAS TEMA 12:

1. 2.1
2. 1.3
3. 1.8
4. 1.0
5. NaCl
6. iónico
7. covalente polar
8. covalente polar
9. covalente polar
10. 3.1
11. 1.3
12. 2.2
13. iónico
14. covalente polar

TEMA 13
ESTRUCTURA DE LEWIS

Los átomos contienen protones y neutrones en el centro llamado núcleo; alrededor están los electrones de valencia, que son los encargados de enlazar un átomo con otro átomo. La manera práctica que se usa es la que propuso el científico Lewis, quien representó los electrones de los elementos mediante puntos de acuerdo a la tabla periódica.

En química, ¡los átomos deben siempre completar 8 electrones!

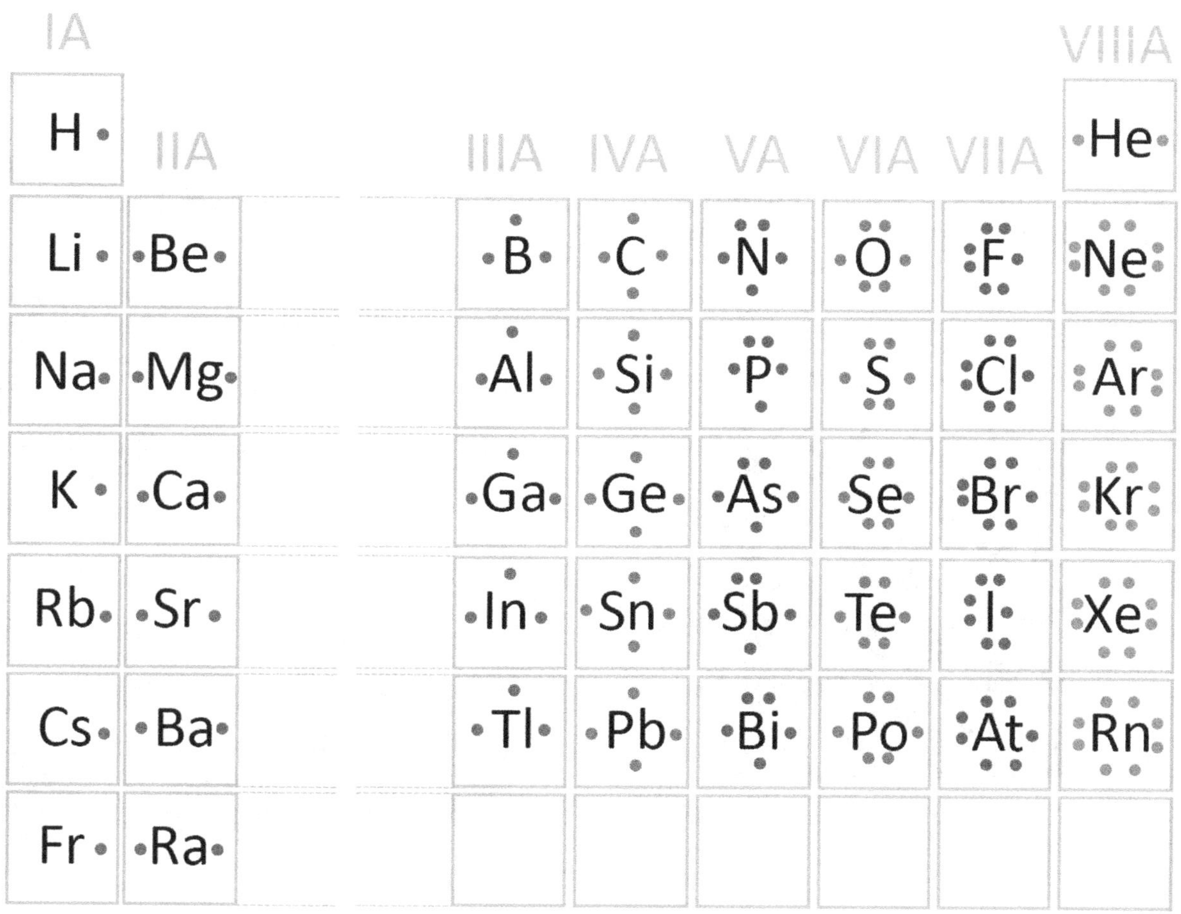

Los puntos representan los electrones de un átomo. Los de la columna 1 tienen 1; los de la columna 2 tienen 2; los de la columna 3 tienen 3, y así sucesivamente.

Aquí encontrarás ejecicios resueltos para resolver los problemas del capítulo

Nota: En este tema no hay ejercicios por realizar, te recomiendo ver los mismos ejercicios de los dos videos anexados y que los practiques muchas veces

“A partir de aquí empiezan los problemas en donde se requerirá calculadora científica”

TEMA 14

FÓRMULA EMPÍRICA Y FÓRMULA MOLECULAR

EJERCICIO:
DESARROLLA EL PROCEDIMIENTO, PASO A PASO, PARA OBTENER EL RESULTADO CORRECTO DE LOS PROBLEMAS DE FÓRMULA EMPÍRICA Y MOLECULAR. VE LOS SIGUIENTES VIDEOS QUE TE AYUDARÁN.

Nota: Si crees conveniente, haz los procedimientos en hojas o cuaderno aparte para mayor espacio, orden y comodidad. Puedes ejercitar el tema muchas veces hasta dominarlo.

Aquí encontrarás ejecicios resueltos para resolver los problemas del capítulo

1. Determina la fórmula empírica de 48% de zinc y 52% de cloro

a. $ZnCl$
b. $ZnCl_2$
c. $ZnCl_3$
d. Zn_2Cl

2. Determina la fórmula empírica de 19% de estaño y 81% de yodo

Procedimiento:

a. SnI_4
b. SnI_2
c. SnI_3
d. SnI

3. Determina la fórmual empírica de 25.9% de hierro y 74.1% de bromo
Procedimiento:

a. $FeBr_4$

b. $FeBr_2$
c. $FeBr_3$
d. Fe_2Br

4.Determina la fórmula empírica de 62% de plomo,8.5% de nitrógeno y 29.5% de oxígeno

Procedimiento:

a. PbN_2O_3
b. $Pb_2N_2O_6$
c. PbN_2O_6
d. $Pb_2N_2O_2$

5. Obtén la fórmula empírica de 28.8% de magnesio,14.2% de carbono y 57% de oxígeno

Procedimiento:

a. $MgCO_3$
b. $MgCO_2$
c. $MgCO_4$
d. $MgCO$

6.Obtén la fórmula empírica de 38.8% de calcio,20% de fósforo y 41.3% de oxígeno

Procedimiento:

a. $Ca_3P_2O_8$
b. $Ca_2P_2O_7$
c. $Ca_2P_2O_8$
d. Ca_4PO_2

Aquí encontrarás ejecicios resueltos para resolver los problemas del capítulo

7. Determina la fórmula empírica y molecular con 80% de carbono,20% de hidrógeno y masa de 30g/mol

Procedimiento:

a. C_2H_5
b. C_2H_7
c. C_2H_6
d. C_6H_2

8. Determina la fórmula empírica y molecular de 92.3% de carbono,7.7% de hidrógeno y masa de 26 g/mol

Procedimiento:

a. C_2H_2
b. C_2H
c. CH_2
d. C_3H_3

9.El componente tiene 41.4% de carbono,3.5% de hidrógeno,55.1% de oxígeno y masa de 116 g/mol

Procedimiento:

a. $C_4H_4O_4$
b. $C_3H_4O_4$
c. $C_4H_4O_5$
d. $C_5H_5O_5$

RESPUESTAS TEMA 14:

1. $ZnCl_2$
2. SnI_4
3. $FeBr_2$
4. PbN_2O_6
5. $MgCO_3$
6. $Ca_3P_2O_8$
7. C_2H_6
8. C_2H_2
9. $C_4H_4O_4$

TEMA 15

PESO MOLECULAR

En esta parte del libro empezaremos con problemas y ejercicios de la química inorgánica, que son básicos y muy necesarios para el estudio de esta ciencia. Requerirás, a partir de ahora, una calculadora científica.

EJERCICIO: CALCULA EL PESO MOLECULAR DE LOS SIGUIENTES COMPUESTOS, DESARROLLA EL PROCEDIMIENTO Y SUBRAYA LA RESPUESTA CORRECTA. NECESITARÁS DE LAS MASAS INDIVIDUALES QUE SE ENCUENTRAN EN LA TABLA PERIÓDICA DE TU PREFERENCIA. LA RESPUESTA SERÁ APROXIMADA (POR LOS DECIMALES). EL RESULTADO DEL PESO MOLECULAR SIEMPRE TENDRÁ COMO UNIDAD EL GRAMO POR MOL (G/MOL).

Nota: Si crees conveniente, haz los procedimientos en hojas o cuaderno aparte para mayor espacio, orden y comodidad. Puedes ejercitar el tema muchas veces hasta dominarlo.

Aquí encontrarás ejecicios resueltos para resolver los problemas del capítulo

1	1.00794 H																	
2	6.941 Li	9.012182 Be																4.002602 He
3	22.98976 Na	24.3050 Mg											10.811 B	12.0107 C	14.0067 N	15.9994 O	18.998403 F	20.1797 Ne
4	39.0983 K	40.078 Ca	44.95591 Sc	47.867 Ti	50.9415 V	51.9962 Cr	54.93804 Mn	55.845 Fe	58.93319 Co	58.6934 Ni	63.546 Cu	65.38 Zn	26.98153 Al	28.0855 Si	30.97696 P	32.065 S	35.453 Ci	39.948 Ar
5	85.4678 Rb	87.62 Sr	88.90585 Y	91.224 Zr	92.90638 Nb	95.96 Mo	(98) Tc	101.07 Ru	102.9055 Rh	106.42 Pd	107.8682 Ag	112.441 Cd	69.723 Ga	72.64 Ge	74.92160 As	78.96 Se	79.904 Br	83.798 Kr
6	132.9054 Cs	137.327 Ba	174.9668 Lu	178.49 Hf	180.9478 Ta	183.84 W	186.207 Re	190.23 Os	192.217 Ir	195.084 Pt	196.9665 Au	200.59 Hg	114.818 In	118.710 Sn	121.760 Sb	127.60 Te	126.9044 I	131.293 Xe
7	(223) Fr	(226) Ra	(262) Lr	(261) Rf	(262) Db	(266) Sg	(264) Bh	(277) Hs	(268) Mt	(271) Ds	(272) Rg	(285) Cn	204.3833 Ti	207.2 Pb	208.9804 Bi	(210) Po	(210) At	(220) Rn

1. Cloruro de sodio

NaCl

Respuesta:

a. 58.40 g/mol

b. 35.45 g/mol

c. 56.0 g/mol

d. 22.98 g/mol

2. Cloruro ferroso

$FeCl_2$

Respuesta:

a. 70.9 g/mol

b. 128.9 g/mol

c. 126.7 g/mol

d. 147.08 g/mol

3. Bromuro de plata
AgBr

Respuesta:
a. 129.00 g/mol
b. 189.8 g/mol
c. 178.77 g/mol
d. 185.77 g/mol

4. Óxido de zinc
ZnO

Respuesta:
a. 81.37 g/mol
b. 83.49 g/mol
c. 78.88 g/mol
d. 79.99 g/mol

5. Óxido de calcio
CaO

Respuesta:
a. 56.08 g/mol
b. 58.06 g/mol
c. 55.99 g/mol
d. 59.98 g/mol

6. Ácido sulfhídrico
H_2S

Respuesta:
a. 34.07 g/mol
b. 32.07 g/mol
c. 36.00 g/mol
d. 31.09 g/mol

7. Agua

H_2O

Respuesta:

a. 18.0 g/mol

b. 16.0 g/mol

c. 116.5 g/mol

d. 19.9 g/mol

8. Ácido fluorhídrico

HF

Respuesta:

a. 20.0059 g/mol

b. 22 g/mol

c. 23 g/mol

d. 20.59 g/mol

9. Óxido férrico

Fe_2O_3

Respuesta:

a. 145.99 g/mol

b. 106.88 g/mol

c. 435.09 g/mol

d. 159.68 g/mol

10. Óxido antimónico

Sb_2O_5

Respuesta:

a. 333.5 g/mol

b. 323.5 g/mol

c. 311.5 g/mol

d. 322.0 g/mol

11. Hidróxido de sodio
NaOH

Respuesta:
a. 42 g/mol
b. 04 g/mol
c. 40 g/mol
d. 37 g/mol

12. Hidróxido de potasio
KOH

Respuesta:
a. 54 g/mol
b. 55 g/mol
c. 65.1 g/mol
d. 56.1 g/mol

13.Hidróxido estáñico
$Sn(OH)_4$

Respuesta:
a. 186.69 g/mol
b. 183.60 g/mol
c. 182.55 g/mol
d. 542.76 g/mol

14.Hidróxido de aluminio
$Al(OH)_3$

Respuesta:
a. 89 g/mol
b. 87 g/mol
c. 78 g/mol
d. 76 g/mol

RESPUESTAS TEMA 15:

1) 58.4 g/mol
2) 126.7 g/mol
3) 189.8 g/mol
4) 81.37 g/mol
5) 56.08 g/mol
6) 34.07 g/mol
7) 18 g/mol
8) 20.0059 g/mol
9) 159.68 g/mol
10) 323.5 g/mol
11) 40 g/mol
12) 56.1 g/mol
13) 186.69 g/mol
14) 78 g/mol

TEMA 16

MOLES Y GRAMOS

La mol o los moles es la cantidad de sustancia en química.

La gente común medimos la masa en gramos o kilogramos.

Los químicos miden la masa en esa unidad llamada mol (moles).

Los moles y los gramos son unidades para medir la masa.

Dicho lo anterior, podemos convertir el mol a gramos o los gramos a mol.

FÓRMULAS:

$$\text{Masa} = m = (n)\,(M)$$

$$\text{Moles} = n = \frac{m}{M}$$

EJERCICIO:
CALCULA LO QUE SE PIDE EN CADA EJERCICIO. HAZ EL PROCEDIMIENTO UTILIZANDO LA FÓRMULA DE MOLES (N) Y EMPLEANDO EL PESO MOLECULAR DE LA TABLA PERIÓDICA.

Aquí encontrarás ejecicios resueltos para resolver los problemas del capítulo

Nota: Si crees conveniente, haz los procedimientos en hojas o cuaderno aparte para mayor espacio, orden y comodidad. Puedes ejercitar el tema muchas veces hasta dominarlo.

1. ¿Cuántos moles hay en 3.24 gramos de fósforo (P)?
Fórmula y procedimiento:

a. 0.104 mol de P
b. 0.099 mol de P
c. 1.104 mol de P
d. 1.934 mol de P

2. ¿Cuántos moles hay en 0.92 gramos de helio (He)?
Fórmula y procedimiento:

a. 23.9 mol de He
b. 3.99 mol de He
c. 22.98 mol de He
d. 3.87 mol de He

3.¿Cuál será la masa equivalente a 11.9 mol de oro (Au)?
Fórmula y procedimiento:

a. 2,385.8 gramos
b. 2,348.8 gramos
c. 0.060 gramos
d. 0.0604 gramos

4.Calcula la masa que equivale a una cantidad de 94.2 moles de plomo (Pb)
Fórmula y procedimiento:

a. 19.513.29 gramos
b. 0.454 gramos
c. 2.19 gramos
d. 19,517.29 gramos

5.Calcula la masa del helio (He) en 35.107 moles
Fórmula y procedimiento:

a. 0.975 gramos
b. 1.02 gramos
c. 104.52 gramos
d. 140.52 gramos

Apóyate de la tabla periódica para los pesos moleculares de los elementos.

EJERCICIO: VE EL SIGUIENTE VIDEO PARA PODER RESOLVER LO SIGUIENTE:

Aquí encontrarás ejecicios resueltos para resolver los problemas del capítulo

Nota: Si crees conveniente, haz los procedimientos en hojas o cuaderno aparte para mayor espacio, orden y comodidad. Puedes ejercitar el tema muchas veces hasta dominarlo.

6. Calcula el número de moles de cloruro de sodio ($NaCl$) en 200 gramos

Fórmula y procedimiento:

a. 3.41 mol
b. 0.2925 mol
c. 11,700 mol
d. 3.14 mol

7. Calcula el número de moles de ácido clorhídrico (HCl) si hay 4,500 g

Fórmula y procedimiento:

a. 152 mol de HCl
b. 125 mol de HCl
c. 0.008 mol de HCl
d. 127 mol de HCl

8.Calcula los moles de 4,600 gramos de ácido carbónico (H_2CO_3)

Fórmula y procedimiento:

a. 79.19 mol de ácido
b. 77 mol de ácido
c. 0.013 mol de ácido
d. 74.19 mol de ácido

9. ¿Cuántos moles hay en 882 g de ácido sulfhídrico (H_2S)?

Fórmula y procedimiento:

a. 25.94 mol
b. 0.038 mol
c. 29,988 mol
d. 27.95 mol

10. ¿Cuántos moles hay en 0.2300 gramos de hidróxido de potasio (KOH)?

Fórmula y procedimiento:

a. 243.47 mol de KOH
b. 0.004 mol de KOH
c. 0.4 mol de KOH
d. 0.04 mol de KOH

11. Calcula el número de moles de ácido carbónico (H_2CO_3) en 5.6 gramos

Fórmula y procedimiento:

a. 0.309 mol
b. 0.0903 mol
c. 11.07 mol
d. 347.2 mol

12. Calcula el número de moles de aluminio (Al) en 3.60 g

Fórmula y procedimiento:

a. 7.5 mol
b. 0.133 mol
c. 97.2 mol
d. 0.333 mol

13. Calcula el número de moles de cloruro de plata (AgCl) en 55 g

Fórmula y procedimiento:

a. 0.384 mol
b. 7,865 mol
c. 2.6 mol
d. 2.58 mol

14.Calcula los moles de carbonato de calcio ($CaCO_3$) en 3.50 gramos

Fórmula y procedimiento:

a. 0.0035 mol
b. 0.350 mol
c. 350 mol
d. 0.035 mol

15.Obtén el número de moles de ácido sulfúrico (H_2SO_4) en 125 gramos

Fórmula y procedimiento:

a. 1.275 mol
b. 0.1275 mol
c. 0.784 mol
d. 7.85 mol

16.Calcula los moles de metano (CH_4) que equivalen a 108 gramos
Fórmula y procedimiento:

a. 0.148 mol de metano
b. 1,728 mol de metano
c. 0.675 mol de metano
d. 6.75 mol de metano

17. Calcula el número de moles de cloruro de sodio (NaCl) en 4.25 g
Fórmula y procedimiento:

a. 13.64 mol de HCl
b. 0.0726 mol de NaCl
c. 0.0732 mol de NaCl
d. 0.0726 mol de HCl

18.Calcula la masa en gramos de dióxido de carbono (CO_2) en 1.25 mol
Fórmula y procedimiento:

a. 55 g
b. 0.028 g
c. 36.6 g
d. 35.2 g

19 .¿Cuántos gramos (masa) hay en 1.30 moles de sodio (Na)?
Fórmula y procedimiento:

a. 29.9 g
b. 0.056 g
c. 17.60 g
d. 27.99 g

20.¿Cuál será la masa de sulfato de potasio (K_2SO_4) en 0.0025 moles?
Fórmula y procedimiento:

a. 4.36 gramos de sulfato de potasio
b. 0.00436 gramos del sulfato de potasio
c. 1.436 gramos de sulfato de potasio
d. 0.436 gramos de sulfato de potasio

RESPUESTAS TEMA 16:

1. 0.104
2. 22.98 mol
3. 2,348.8 g
4. 19,517.29 g
5. 140.52 g
6. 3.41 mol
7. 123.28 mol
8. 74.19 mol
9. 25.94 mol
10. 0.004 mol
11. 0.0903 mol
12. 0.133 mol
13. 0.384 mol
14. 0.035 mol
15. 1.275 mol
16. 6.75 mol
17. 0.0726 mol
18. 55 g
19. 29.9 g
20. 0.436 g

TEMA 17

NÚMERO DE AVOGADRO Y CÁLCULO DE MOLÉCULAS

De igual manera que la masa se convierte a mol, los moles se pueden convertir a moléculas. Es una unidad que se utiliza a menudo.

Por ejemplo: 1 litro de agua equivale a 55 moles.

FÓRMULAS:

Moléculas = $N = (n)(N_A)$

$(NA) = 6.023 \times 10^{23}$

Moles con moléculas

$$n = \frac{N}{N_A}$$

EJERCICIO:
RESUELVE LOS PROBLEMAS PARA EL NÚMERO DE MOLÉCULAS, VE EL VIDEO ANTERIOR PARA AYUDARTE Y UTILIZA LA CALCULADORA CIENTÍFICA.

Aquí encontrarás ejecicios resueltos para resolver los problemas del capítulo

Nota: Si crees conveniente, haz los procedimientos en hojas o cuaderno aparte para mayor espacio, orden y comodidad. Puedes ejercitar el tema muchas veces hasta dominarlo.

1. Calcula las moléculas de 65 gramos de litio (Li)

Procedimiento:

a. $4.64x10^{24}$ moléculas
b. $5.64x10^{24}$ moléculas
c. $6.64x10^{24}$ moléculas
d. $5.14x10^{24}$ moléculas

2. Obtén las moléculas de 145 g de mercurio (Hg)
Procedimiento:

a. $3.35x10^{22}$ moléculas
b. $6.35x10^{22}$ moléculas
c. $4.35x10^{22}$ moléculas
d. $4.35x10^{22}$ moléculas

3.¿A cuántas moléculas equivale una masa de 15.6 gramos de helio (He)?
Procedimiento:

a. $2.347x10^{24}$
b. $3.347x10^{24}$
c. $2.347x10^{25}$
d. $3.347x10^{23}$

4. ¿A cuántas moléculas equivale una masa de 920 gramos de galio (Ga)?
Procedimiento:

a. $7.947x10^{25}$
b. $7.947x10^{24}$
c. $7.947x10^{26}$
d. $7.947x10^{27}$

5 .¿Cuántas moléculas hay en 4.33 gramos de dióxido de carbono (CO_2)?
Procedimiento:

a. $5.92x10^{21}$
b. $5.92x10^{26}$
c. $5.92x10^{22}$
d. $5.92x10^{-21}$

6.¿Cuántas moléculas hay en 7.24 gramos de trióxido de azufre (SO_3)?
Procedimiento:

a. $5.45x10^{21}$
b. $5.45x10^{-22}$
c. $6.45x10^{22}$
d. $5.45x10^{22}$

RESPUESTAS TEMA 17:

1. $5.64x10^{24}$ moléculas
2. $4.32x10^{22}$ moléculas
3. $2.347x10^{24}$ moléculas
4. $7.947x10^{24}$ moléculas
5. $5.92x10^{22}$ moléculas
6. $5.45x10^{22}$ moléculas

TEMA 18

NÚMEROS DE OXIDACIÓN Y VALENCIAS

O^{-2} Oxígeno

Hidrógeno H^{+1}

OH^{-1} Hidróxido

Aquí encontrarás ejecicios resueltos para resolver los problemas del capítulo

EJERCICIO:
OBTÉN EL NÚMERO DE VALENCIA DE LOS ELEMENTOS EN LOS SIGUIENTES COMPUESTOS QUÍMICOSQUESEENCUENTRANENNEGRITAYQUESESEÑALAN.GUÍATEPORLOSEJERCICIOS DE LOS VIDEOS ANEXADOS ARRIBA..

Nota: Si crees conveniente, haz los procedimientos en hojas o cuaderno aparte para mayor espacio, orden y comodidad. Puedes ejercitar el tema muchas veces hasta dominarlo.

1.Cloro

$H\ Cl$

a. -1
b. +1
c. -2
d. +2

2. Telurio

H_2Te

a. -1
b. +1
c. -2
d. +2

3. Magnesio

$Mg\ O$

a. -1
b. +1
c. -2
d. +2

4. Antimonio

Sb_2O_5

a. -5
b. +1
c. -2
d. +5

5. Nitrógeno

N_2O_5

a. -5
b. +1
c. -2
d. +5

6. Manganeso

MnO_3

a. -5
b. +6
c. -6
d. +5

7.Nitrógeno

$H NO_3$

a. -5
b. +1
c. -2
d. +5

8. Plomo

PbO_2

a. -5
b. +4
c. -2
d. +5

9. Carbono

H_2CO_3

a. -4
b. +1
c. -3
d. +4

10. Fósforo

H_3PO_4

a. -5
b. +1
c. -2
d. +5

11. Azufre

H_2SO_4

a. -5
b. +6
c. -2
d. +5

12. Fósforo

H_2PO_3

a. -5
b. +4
c. -2
d. +5

13. Sodio

$NaOH$

a. -5
b. +1
c. -2
d. +5.

14. Hierro

$Fe(OH)_2$

a. -5
b. +2
c. -2
d. +5

15. Hierro

$Fe\ (OH)_3$

a. -3
b. +1
c. -2
d. +3

16. Plomo

$Pb(OH)_4$

a. -4
b. +1
c. -2
d. +4

17. Hierro

Fe_2O_3

a. -8
b. +4
c. -2
d. +3

18. Hierro

FeO

a. -5
b. +2
c. -2
d. +5

19. Mercurio

HgO

a. -5
b. +2
c. -2
d. +5

20. Manganeso

$KMnO_4$

a. -7
b. +4
c. -4
d. +7

21. Cloro

$HClO_4$

a. -7
b. +4
c. -4
d. +7

22. Antimonio

$Sb(OH)_4$

a. -7
b. +4
c. -4
d. +7

23. Oro

$Au(OH)_3$

a. -3
b. +4
c. -4
d. +3

24. Azufre

SO_3

a. -6
b. +4
c. -4
d. +6

RESPUESTAS TEMA 18:

1) -1
2) -2
3) +2
4) +5
5) +5
6) +6
7) +5
8) +4
9) +4
10) +5
11) +6
12) +4
13) +1
14) +2
15) +3
16) +4
17) +3
18) +2
19) +2
20) +7
21) +7
22) +4
23) +3
24) +6

TEMA 19
NOMENCLATURA DE ÓXIDOS

H^{+1}	Be^{+2}	B^{+3}	C^{-2}	
Li^{+1}	Mg^{+2}	Al^{+3}	Si^{+2}	
Na^{+1}	Ca^{+2}	Ga^{+3}	Ge^{+2}	O^{-2}
K^{+1}	Sr^{+2}	In^{+3}	$Sn^{+2,+4}$	
Rb^{+1}	Ba^{+2}	$Ti^{+1,+3}$	$Pb^{+2,+4}$	

$Cu^{+1,2}$	$Hg^{+1,2}$	$Fe^{+2,3}$	Ag^{+1}
$Au^{+1,3}$	$Cr^{+2,3}$	$Ni^{+2,3}$	Zn^{+2}

Aquí encontrarás ejecicios resueltos para resolver los problemas del capítulo

EJERCICIO:
ENCUENTRA LA FÓRMULA DE LOS SIGUIENTES COMPUESTOS. HAZ EL PROCEDIMIENTO EN EL ESPACIO EN BLANCO Y SIMPLIFICA SIEMPRE EL RESULTADO. VE LOS VIDEOS ANTERIORES PARA CONTESTAR CORRECTAMENTE.

Nota: Si crees conveniente, haz los procedimientos en hojas o cuaderno aparte para mayor espacio, orden y comodidad. Puedes ejercitar el tema muchas veces hasta dominarlo.

1. Óxido de sodio

a. Na_2O
b. NaO
c. NaO_2

2. Óxido de plata

a. AgO
b. Ag_2O
c. AgO_2

3. Óxido de aluminio

a. Al_2O_3
b. Al_3O_2
c. Al_2O_2

4.Óxido de potasio

a. K_2O
b. KO
c. KO_2

5.Óxido mercuroso

a. HgO
b. Hg_2O
c. HgO_2

6.Óxido mercúrico

a. HgO
b. Hg_2O
c. HgO_2

7.Óxido de zinc

a. ZnO
b. Zn_2O
c. ZnO_2

8.Óxido niqueloso

a. NiO
b. Ni_3O_2
c. Ni_2O_3

9.Óxido niquélico

a. NiO
b. Ni_3O_2
c. Ni_2O_3

10.Óxido de cloro V

a. ClO_5

b. Cl_5O_2
c. Cl_2O_5

11.Óxido de cloro III

a. ClO_3
b. Cl_3O_2
c. Cl_2O_3

12.Óxido de cobre I

a. CuO
b. CuO_2
c. Cu_2O

3.Óxido de cobre II

a. CuO
b. CuO_2
c. Cu_2O

14.Óxido de manganeso VII

a. MnO
b. MnO_2
c. Mn_2O_7

15.Óxido de manganeso IV

a. Mn_2O_4
b. MnO_2
c. MnO_4

16. Óxido de magnesio

a. MgO
b. Mg_2O
c. MgO_2

17. Óxido antimonioso

a. Sb_2O_3
b. Sb_3O_2
c. SbO_3

18. Óxido antimónico

a. Sb_2O_5
b. Sb_5O_2
c. SbO_5

EJERCICIO:
ENCUENTRA EL NOMBRE PARA LOS SIGUIENTES COMPUESTOS.

19. Na_2O

a. óxido de sodio
b. óxido del sodio
c. óxido sodioso

20. K_2O

a. óxido de potasio
b. óxido del potasio
c. ácido de potasio

21. Rb_2O

a. óxido rubidioso
b. óxido de rubidio
c. óxido del rubidio

22. B_2O_3

a. óxido de boro
b. óxido bórico
c. óxido boroso

23. GeO

a. óxido de germanio
b. hidróxido de germanio
c. anhídrido de germanio

24. Sb_2O_5

a. óxido de antimonio
b. óxido antimonioso
c. óxido antimónico

25. FeO

a. óxido férrico
b. óxido ferroso
c. óxido del fierro

26. Fe_2O_3

a. óxido férrico
b. óxido ferroso
c. ácido férrico

27. HgO

a. óxido mercuroso
b. óxido mercúrico
c. ácido del mercurio

28. CdO

a. oxido de cobre
b. óxido de calcio
c. óxido de cadmio

29. Cr_2O_3

a. óxido cromoso
b. óxido de cromo (II)
c. óxido de cromo (III)

30. ZnO

a. óxido de zinc
b. anhídrido de zinc
c. hidróxido de zinc

31. Au_2O

a. óxido de oro (I)
b. óxido de oro (II)
c. óxido de oro (III)

32. PtO_2

a. óxido platínico
b. óxido platinoso
c. óxido de platino

33. SnO_2

a. óxido de estaño
b. óxido de estaño (II)
c. óxido de estaño (IV)

34. CoO

a. óxido cobaltoso
b. óxido cobáltico
c. óxido de cobalto (III)

35. Au_2O_3

a. óxido de oro
b. óxido áurico
c. óxido auroso

RESPUESTAS TEMA 19:

1) Na_2O
2) Ag_2O
3) Al_2O_3
4) K_2O
5) Hg_2O
6) HgO
7) ZnO
8) NiO
9) Ni_2O_3
10) Cl_2O_5
11) Cl_2O_3
12) Cu_2O
13) CuO
14) Mn_2O_7
15) MnO_2
16) MgO
17) Sb_2O_3
18) Sb_2O_5
19) óxido de sodio
20) óxido de potasio
21) óxido de rubidio
22) óxido de boro
23) óxido de germanio
24) óxido antimónico
25) óxido ferroso
26) óxido férrico
27) óxido mercúrico
28) óxido de cadmio
29) óxido de cromo (III)
30) óxido de zinc
31) óxido de oro(I)
32) óxido platínico
33) óxido de estaño (IV)
34) óxido cobaltoso
35) óxido áurico

TEMA 20

NOMENCLATURA DE HIDRÓXIDOS

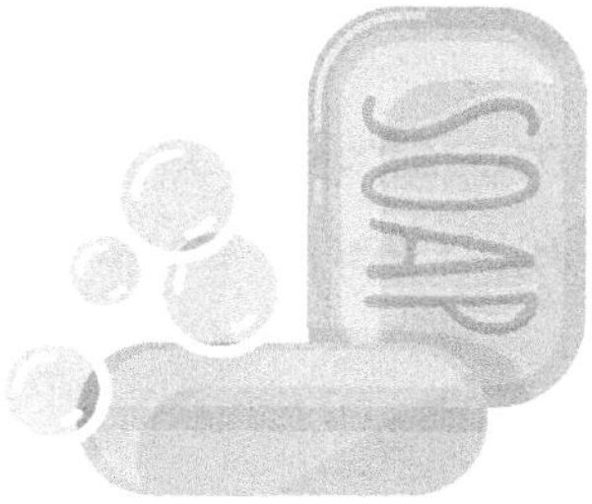

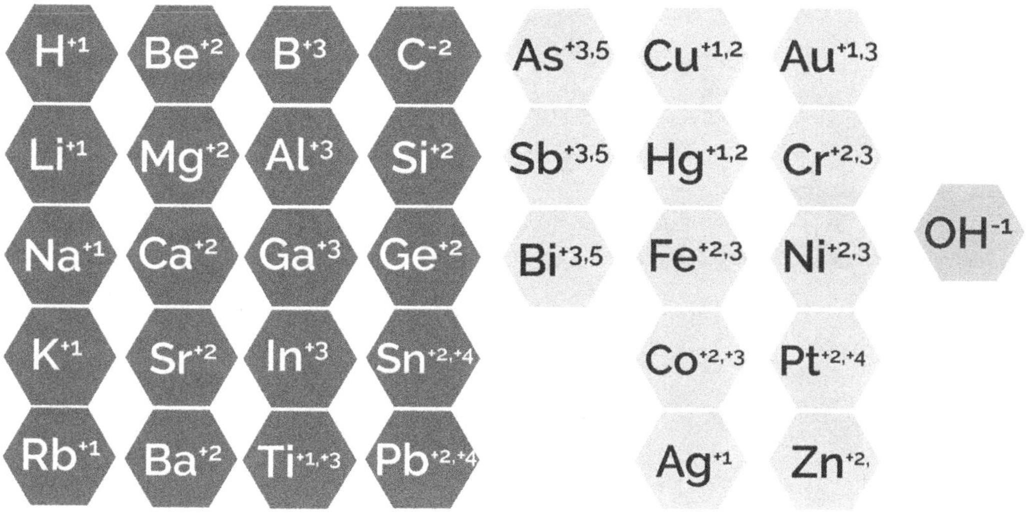

Aquí encontrarás ejecicios resueltos para resolver los problemas del capítulo

EJERCICIO: ENCUENTRA LA FÓRMULA DE LOS SIGUIENTES COMPUESTOS.

Nota: Si crees conveniente, haz los procedimientos en hojas o cuaderno aparte para mayor espacio, orden y comodidad. Puedes ejercitar el tema muchas veces hasta dominarlo.

1 .Hidróxido de sodio

a. $NaOH$
b. $Na(OH)_2$
c. $Na(OH)_3$

2.Hidróxido de potasio

a. $K(OH)_3$
b. $K(OH)_2$
c. KOH

3.Hidróxido de rubidio

a. $RbOH$
b. $Rb(OH)_2$
c. $Rb(OH)_3$

4.Hidróxido de francio

a. $RbOH$
b. $FrOH$
c. $LiOH$

5.Hidróxido de magnesio

a. $Mg(OH)_2$
b. $Mg(OH)$
c. $MgOH_2$

6.Hidróxido de berilio

a. $BeOH_2$
b. $Be_2(OH)$
c. $Be(OH)_2$

7.Hidróxido de calcio

a. $Ca(OH)_2$
b. $Ca(OH)$
c. $Ca(HO)_2$

8.Hidróxido de aluminio

a. $Al(OH)_3$
b. $Al(OH_3)$
c. $Al(OH)_2$

9.Hidróxido cuproso

a. $CuOH$
b. $Cu(OH)_2$
c. $Cu(OH)_3$

10. Hidróxido cúprico

a. $CuOH$
b. $Cu(OH)_2$
c. $Cu(OH)_3$

11. Hidróxido mercuroso

a. $HgOH$
b. $Hg(OH)_2$
c. $Hg(OH)_3$

12. Hidróxido mercúrico

a. $HgOH$
b. $Hg(OH)_2$
c. $Hg(OH)_3$

Aquí encontrarás ejecicios resueltos para resolver los problemas del capítulo

EJERCICIO:
ENCUENTRA EL NOMBRE PARA LOS SIGUIENTES COMPUESTOS.

13. $NaOH$

a. hidróxido de sodio
b. óxido de sodio
c. óxido del sodio

14. $LiOH$

a. hidróxido litioso
b. hidróxido lítico
c. hidróxido de litio

15. $RbOH$

a. hidróxido de rubidio
b. hidróxido del rubidio
c. hidróxido rubidioso

16. $Be(OH)_2$

a. hidróxido de berilio
b. hidróxido de bario
c. hidróxido de boro

17. Nombre del compuesto químico $Ba(OH)_2$

a. hidróxido de bario
b. hidróxido barioso
c. hidróxido de berilio

18. Nombre del compuesto $Ni(OH)_3$

a. hidróxido niquélico
b. hidróxido niqueloso
c. hidróxido de níquel (II)

19. $Co(OH)_2$

a. hidróxido de cobalto (III)
b. hidróxido de cobalto (II)
c. hidróxido de cobaltoso

20. $Ca(OH)_2$

a. hidróxido de calcio
b. hidróxido de calcio (I)
c. hidróxido de calcio (III)

21. $Zn(OH)_2$

a. hidróxido zínquico
b. hidróxido zincioso
c. hidróxido de zinc

RESPUESTAS TEMA 20:

1. NaOH
2. KOH
3. RbOH
4. FrOH
5. $Mg(OH)_2$
6. $Be(OH)_2$
7. $Ca(OH)_2$
8. $Al(OH)_3$
9. CuOH
10. $Cu(OH)_2$
11. HgOH
12. $Hg(OH)_2$
13. hidróxido de sodio
14. hidróxido de litio
15. hidróxido de rubidio
16. hidróxido de berilio
17. hidróxido de bario
18. hidróxido niquélico
19. hidróxido de cobalto (II)
20. hidróxido de calcio
21. hidróxido zinc

:

TEMA 21

NOMENCLATURA DE SALES

H^{+1}	Be^{+2}	B^{+3}	C^{-2}	N^{-3}	O^{-2}	F^{-1}
Li^{+1}	Mg^{+2}	Al^{+3}	Si^{+2}	P^{-3}	S^{-2}	Cl^{-1}
Na^{+1}	Ca^{+2}	Ga^{+3}	Ge^{+2}	$As^{+3,5}$	Se^{-2}	Br^{-1}
K^{+1}	Sr^{+2}	In^{+3}	$Sn^{+2,+4}$	$Sb^{+3,5}$	Te^{-2}	I^{-1}
Rb^{+1}	Ba^{+2}	$Ti^{+1,+3}$	$Pb^{+2,+4}$	$Bi^{+3,5}$	Po^{-2}	At^{-1}

$Cu^{+1,2}$ $Hg^{+1,2}$ $Fe^{+2,3}$ Ag^{+1}

$Au^{+1,3}$ $Cr^{+2,3}$ $Ni^{+2,3}$ Zn^{+2} Cd^{+2}

Las sales haloideas terminan en URO (los negativos)

El metal puede ser ICO y OSO (los positivos)

Pb	Plomo :	Plúmb___
Cu	Cobre:	Cúpr___
Fe	Hierro:	Ferr___
Au	Oro:	´Áur___
N	Nitrógeno:	Nitr___
S	Azúfre:	Sulf___
P	Fósfore:	Fosf___

Aquí encontrarás ejecicios resueltos para resolver los problemas del capítulo

EJERCICIO
COLOCA LA FÓRMULA A LOS SIGUIENTES COMPUESTOS QUÍMICOS, UTILIZA LAS TABLAS DE VALENCIA MOSTRADAS Y DE LOS VIDEOS ADJUNTOS.

Nota: Si crees conveniente, haz los procedimientos en hojas o cuaderno aparte para mayor espacio, orden y comodidad. Puedes ejercitar el tema muchas veces hasta dominarlo.

1.Cloruro de sodio

a. NaCl
b. Na_2Cl
c. Na_3Cl

2.Cloruro de potasio

a. ClK
b. KCl
c. KOH

3.Cloruro de cesio

a. CsCl
b. CeCl
c. CrCl

4.Fluoruro de sodio

a. NaF
b. NaP
c. NaF_2

5.Fluoruro de potasio

a. KF
b. K_2F
c. FK

6.Fluoruro de aluminio

a. ALF_3
b. F_3Al
c. AlF_3

7.Fluoruro de galio

a. GF_3
b. GaF_2
c. GaF_3

8.Cloruro de magnesio

a. $MgCl_2$
b. MgCl
c. Mg_2Cl

9.Sulfuro de aluminio

a. Al_2S_3
b. Al_3S_3
c. Al_2S_3

10. Sulfuro de sodio

a. Na_2S
b. NaS
c. NaS_2

11. Fosfuro de rubidio

a. Rb_3P
b. FRb
c. F_2Rb

12. Fosfuro de magnesio

a. Mg_3P_2
b. MgP_3
c. MgF_2

13. Fosfuro de calcio

a. CaP
b. CaF
c. Ca_3P_2

14. Nitruro de potasio

a. K_3N
b. KN_3
c. K_2N_3

15. Nitruro de plata

a. Ag_3N
b. N_3Ag
c. Ag_3Ni

16. Nitruro de oro (I)

a. Au_3N
b. AuN
c. AuN_3

17. Nitruro de oro (III)

a. AuN
b. AuN_3
c. Au_3N

18. Cloruro férrico

a. FeCl
b. $FeCl_2$
c. $FeCl_3$

19. Cloruro ferroso

a. FeCl
b. $FeCl_2$
c. $FeCl_3$

Aquí encontrarás ejecicios resueltos para resolver los problemas del capítulo

EJERCICIO
COLOCA EL NOMBRE DE CADA UNA DE LAS SALES SIGUIENTES.

Nota: Si crees conveniente, haz los procedimientos en hojas o cuaderno aparte para mayor espacio, orden y comodidad. Puedes ejercitar el tema muchas veces hasta dominarlo.

20. NaCl

a. cloruro sodioso
b. óxido de sodio
c. cloruro de sodio

21. Na_2S

a. azufre de sodio
b. sulfuro de sodio
c. seleniuro de sodio

22. NaF

a. fluoruro de sodio
b. fluororo de sodio
c. fluoruro sódico

23. FeS

a. fluororo férrico
b. sulfuro férrico
c. sulfuro ferroso

24. NaBr

a. sodiuro de bromo
b. bromuro de sodio
c. bromo de sodio

25. NaI

a. yoduro de sodio
b. yoduro de yodo
c. sodiuro de yodo

26. $AlCl_3$

a. cloruro aluminioso
b. cloruro de aluminio
c. cloruro alumínico

27. $BaCl_2$

a. cloruro de berilio
b. cloruro de bario
c. cloruro de boro

RESPUESTAS TEMA 21:

1. NaCl
2. KCl
3. CsCl
4. NaF
5. KF
6. AlF_3
7. GaF_3
8. $MgCl_2$
9. Al_2S_3
10. Na_2S
11. Rb_3P
12. Mg_3P_2
13. Ca_3P_2
14. K_3N
15. Ag_3N
16. Au_3N
17. AuN
18. $FeCl_3$
19. $FeCl_2$
20. cloruro de sodio
21. sulfuro de sodio
22. fluoruro de sodio
23. sulfuro ferroso
24. bromuro de sodio
25. yoduro de sodio
26. cloruro de aluminio
27. cloruro de bario

TEMA 22

NOMENCLATURA DE HIDRÁCIDOS

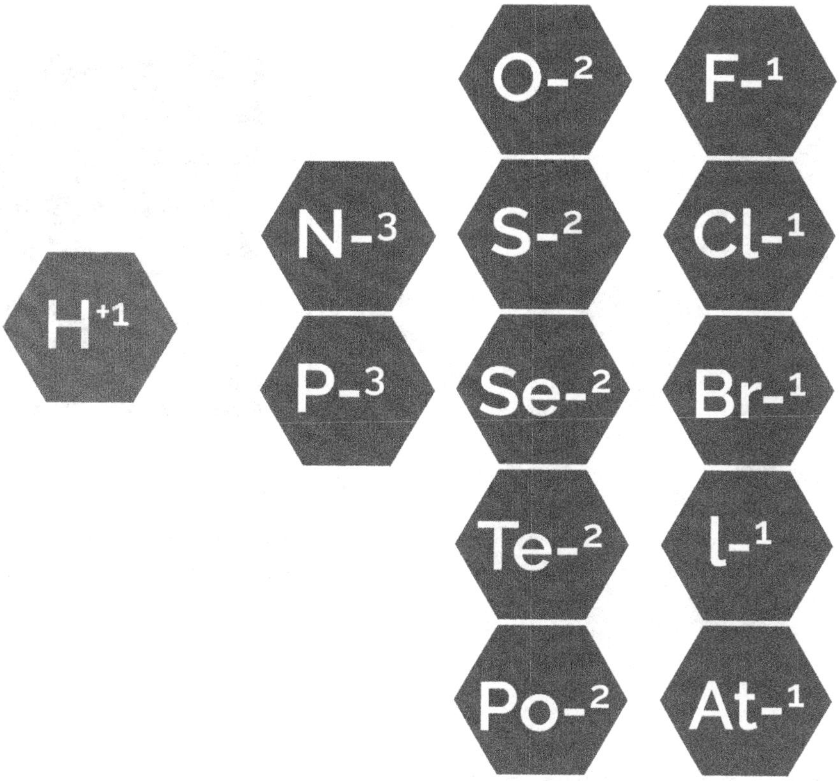

Los hidrácidos llevan al comienzo la palabra ÁCIDO y terminación en HÍDRICO

Casos especiales:

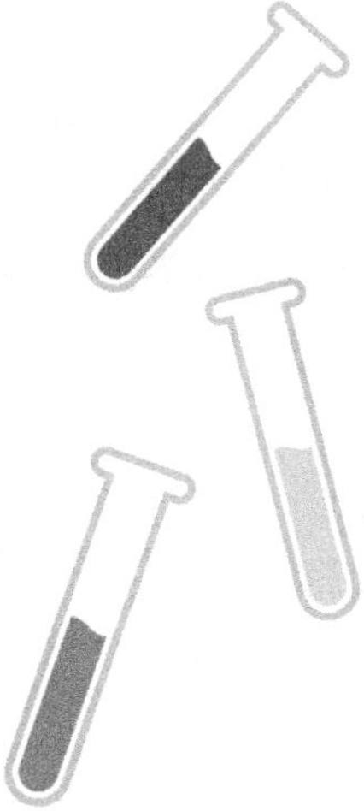

Nitrógeno : Nitr___

Azufre: Sulf___

Fósforo: Fosf___

Aquí encontrarás ejecicios resueltos para resolver los problemas del capítulo

EJERCICIO
COLOCA LA FÓRMULA A LOS SIGUIENTES COMPUESTOS.

Nota: Si crees conveniente, haz los procedimientos en hojas o cuaderno aparte para mayor espacio, orden y comodidad. Puedes ejercitar el tema muchas veces hasta dominarlo.

1. Ácido clorhídrico

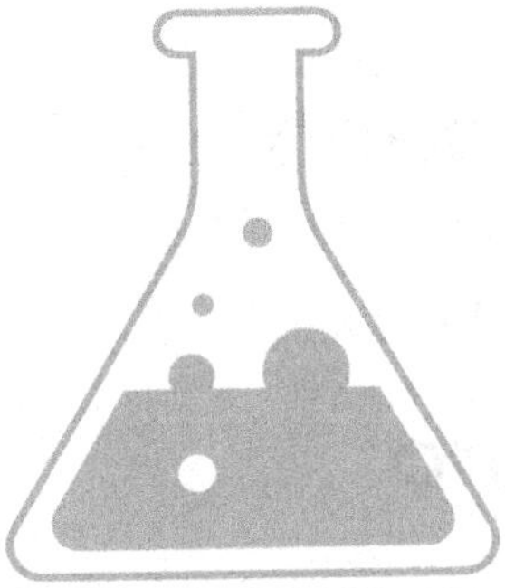

a. HCl
b. ClH
c. HCl_2

2. Ácido sulfhídrico

a. H_2A
b. H_2S
c. HS_2

3. Ácido bromhídrico

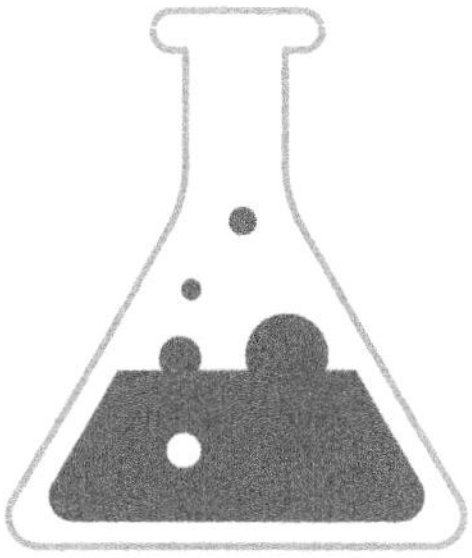

a. HBr_2
b. HBr_3
c. HBr

4. Ácido selenhídrico

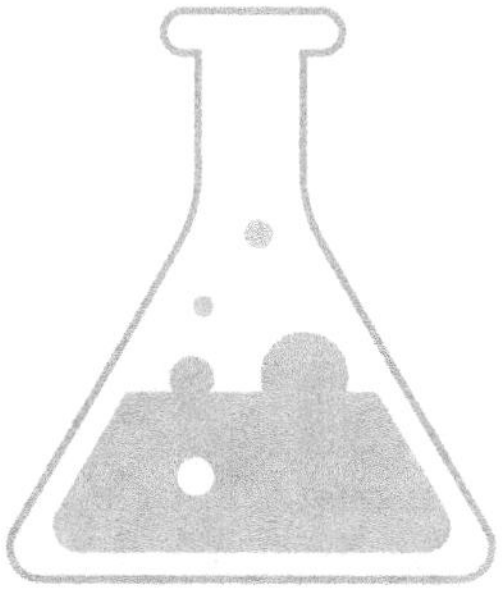

a. HSe_2
b. H_2S
c. H_2Se

5. Ácido yodhídrico

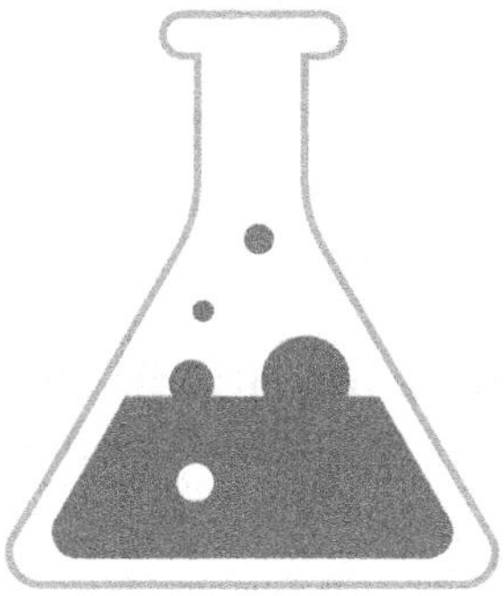

a. HI
b. HY
c. H_2I

6.Ácido fluorhídrico

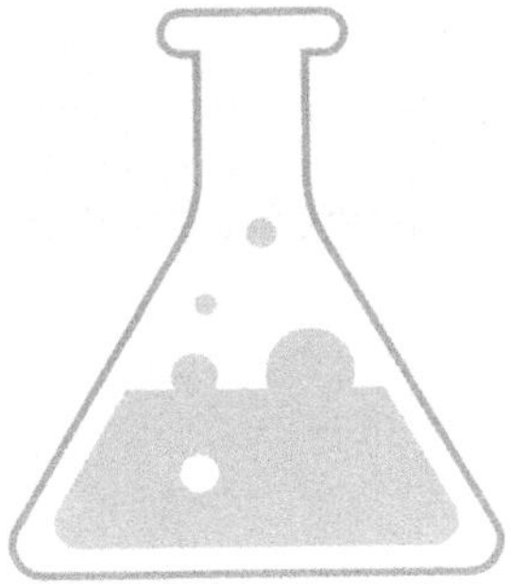

a. HF
b. FH
c. HF_2

7.Ácido nitrhídrico

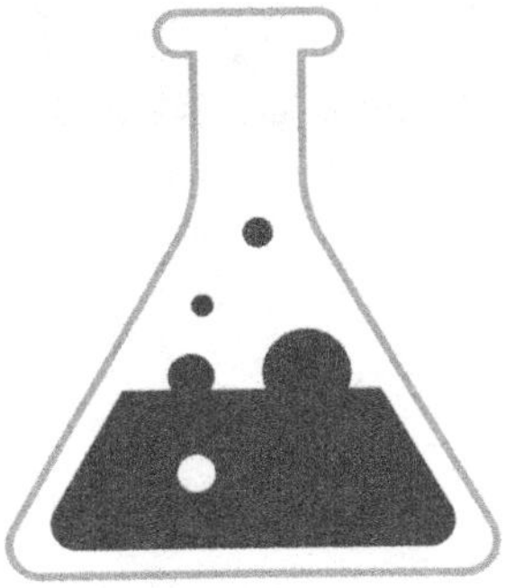

a. HN
b. NH_3
c. H_3N

Aquí encontrarás ejecicios resueltos para resolver los problemas del capítulo

EJERCICIO
NOMBRA LOS ÁCIDOS HIDRÁCIDOS SIGUIENTES.

8. HCl

a. ácido cloroso
b. ácido clórico
c. ácido clorhídrico

9. HF

a. ácido fluoroso
b. ácido fluórico
c. ácido flúorhídrico

10. HBr

a. ácido bromhídrico
b. ácido bromoso
c. ácido brómico

11. HI

a. ácido yodhídrico
b. ácido yodoso
c. ácido yódico

12. H_2S

a. ácido sulfhídrico
b. ácido sulfuroso
c. ácido azulfhídrico

13. H_2Se

a. ácido selénico
b. ácido selenioso
c. ácido selenhídrico

14. H_3N

a. ácido de nitrógeno
b. ácido nitroso
c. ácido nítrhídrico

15. H_3P

a. ácido fluorhídrico
b. ácido fosfhídrico
c. ácido de fósforo

16. H_2Te

a. ácido telurhídrico
b. ácido selenhídrico
c. ácido inhídrico

RESPUESTAS TEMA 22:

1. HCl
2. H_2S
3. HBr
4. H_2Se
5. HI
6. HF
7. H_3N
8. ácido clorhídrico
9. ácido fluorhídrico
10. ácido bromhídrico
11. ácido yodhídrico
12. ácido sulfhídrico
13. ácido selenhídrico
14. ácido nitrhídrico
15. ácido fosfhídrico
16. ácido telurhídrico

TEMA 23

NOMENCLATURA DE OXIÁCIDOS

EJERCICIO:

DALE FÓRMULA Y NOMBRE A LOS SIGUIENTES COMPUESTOS INORGÁNICOS CONOCIDOS COMO ÁCIDOS, AYÚDATE DE LOS VIDEOS Y TABLAS QUE SE PRESENTAN A CONTINUACIÓN:

H^{+1}	Be^{+2}	B^{+3}	C^{-2}	N^{-3}	O^{-2}	F^{-1}
Li^{+1}	Mg^{+2}	Al^{+3}	Si^{+2}	P^{-3}	S^{-2}	Cl^{-1}
Na^{+1}	Ca^{+2}	Ga^{+3}	Ge^{+2}	$As^{+3,5}$	Se^{-2}	Br^{-1}
K^{+1}	Sr^{+2}	In^{+3}	$Sn^{+2,+4}$	$Sb^{+3,5}$	Te^{-2}	I^{-1}
Rb^{+1}	Ba^{+2}	$Ti^{+1,+3}$	$Pb^{+2,+4}$	$Bi^{+3,5}$	Po^{-2}	At^{-1}

$Cu^{+1,2}$ $Hg^{+1,2}$ $Fe^{+2,3}$ Ag^{+1}

$Au^{+1,3}$ $Cr^{+2,3}$ $Ni^{+2,3}$ Zn^{+2} Cd^{+2}

SO_3^{-2}= Sulfuroso	CO_3^{-2}= Carbónico	ClO_2^{-1}= Cloroso
SO_4^{-2}= Sulfúrico	$C_2O_4^{-2}$= Oxálico	ClO_3^{-1}= Clórico
NO_2^{-1}= Nitroso	CrO_4^{-2}= Crómico	BrO_2^{-1}= Bromoso
No_3^{-1}= Nítrico	$S_2O_3^{-2}$= Tiosúlfoso	BrO_3^{-1}= Brómico
PO_3^{-3}= Fosforoso	$S_2O_8^{-2}$= Persúlfico	ClO_4^{-1}= PerClórico
PO_4^{-2}= Fofórico	$S_2O_4^{-2}$= Hiposulfoso	ClO^{-1}= HipoCloroso
SeO_4^{-2}= Selenioso	$S_4O_6^{-2}$= Tetratónico	BrO^{-1}= HipoBromoso
SeO_4^{-2}= Selénico	$Cr_2O_7^{-2}$= Dicrómico	BrO_4^{-1}= PerBrómico
TeO_3^{-2}= Teluroso	SbO_3^{-3}= Antimonioso	HCO_3^{-1}= Bicarbonico
TeO_4^{-2}= Telúrico	SbO_4^{-3}= Antimónico	$PtCl_6^{-2}$= Cloroplatínico
AsO_3^{-2}= Arsenioso	SiO_4^{-4}= Ortosilícico	MnO_4^{-1}= Permangánico
BO_3^{-3}= Bórico	$P_2O_7^{-4}$= Pirofosfórico	MoO_4^{-2}= Molibdico
SiO_3^{-2}= Silícico	$P_2O_6^{-4}$= Ortofosfórico	SiF_6^{-2}= Fluorosilicico

Aquí encontrarás ejecicios resueltos para resolver los problemas del capítulo

Nota: Si crees conveniente, haz los procedimientos en hojas o cuaderno aparte para mayor espacio, orden y comodidad. Puedes ejercitar el tema muchas veces hasta dominarlo.

1.Ácido carbónico

a. HCO_3
b. $H2CO_3$
c. $H3CO_3$

2.Ácido sulfúrico

a. HSO_4
b. H_2SO_4
c. H_2SO_3

3.Ácido sulfuroso

a. HSO_4
b. H_2SO_4
c. H_2SO_3

4.Ácido fosforoso

a. H_3PO_3
b. H_2PO_4
c. H_3PO_4

5. Ácido fosfórico

a. H_3PO_3
b. H_2PO_4
c. H_3PO_4

6. Ácido bórico

a. H_3BO_2
b. HBO_3
c. H_3BO_3

7. Ácido hipocloroso

a. $HClO_4$
b. $HClO_3$
c. HClO

8. Ácido cloroso

a. $HClO_4$
b. $HClO_2$
c. $HClO_3$

9. Ácido clórico

a. $HClO_4$

b. $HClO_3$
c. $HClO$

10. Ácido perclórico

a. $HClO_4$
b. $HClO_3$
c. $HClO$

11. Ácido bromoso

a. $HBrO_4$
b. $HBrO_2$
c. $HBrO$

12. Ácido perbrómico

a. $HBrO_4$
b. $HBrO_3$
c. $HBrO$

13. Ácido hipobromoso

a. $HBrO_4$
b. $HBrO_3$
c. $HBrO$

14. Ácido nítrico

a. HNO
b. HNO_2
c. HNO_3

15. Ácido nitroso

a. HNO
b. HNO_2
c. HNO_3

EJERCICIO:
COLOCA LA FÓRMULA A LOS OXIÁCIDOS SIGUIENTES HACIENDO EL PROCEDIMIENTO CORRESPONDIENTE.

16. H_2SO_4

a. ácido sulfuroso
b. ácido de azufre
c. ácido sulfúrico

17. H_2CO_3

a. ácido de carbono
b. ácido carbonoso
c. ácido carbónico

18. HNO_3

a. ácido nitroso
b. ácido nitrhídrico
c. ácido nítrico

19. H_2SiO_3

a. ácido silicioso
b. ácido silícico
c. ácido de silicio

20. $H_2Cr_2O_7$

a. ácido percrómico
b. ácido dicrómico
c. ácido cromoso

21. $HBrO_4$

a. ácido perbrómico
b. ácido bromoso
c. ácido hipobromoso

22. $HCrO_4$

a. ácido crómico

b. ácido dicrómico
c. ácido oxálico

23. HNO_2

a. ácido nitroso
b. ácido nítrico
c. ácido de nitrógeno

24. $HClO_2$

a. ácido cloroso
b. ácido perclórico
c. ácido clórico

25. H_2PtCl_6

a. ácido platínico
b. ácido cloroplatínico
c. ácido cloricoplatinoso

26. $HClO_4$

a. ácido cloroso
b. ácido perclórico
c. ácido clórico

27. $HClO_3$

a. ácido cloroso
b. ácido perclórico
c. ácido clórico

28. $HClO_2$

a. ácido cloroso
b. ácido perclórico
c. ácido clórico

RESPUESTAS TEMA 23:

11. $HBrO_2$
12. $HBrO_4$
13. HBrO
14. HNO_3
15. HNO_2
16. ácido sulfúrico
17. ácido carbónico
18. ácido nítrico
19. ácido silícico
20. ácido dicrómico
21. ácido perbrómico
22. ácido crómico
23. ácido nitroso
24. ácido cloroso
25. ácido cloroplatínico
26. ácido perclórico
27. ácido clórico
28. ácido cloroso

TEMA 24
REACCIONES QUÍMICAS

De 6 maneras se clasifican las reacciones químicas inorgánicas:

Reacciones de síntesis	$A+Z \longrightarrow AZ$
Reacciones de descomposición	$AZ \longrightarrow A+Z$
Reacciones de sustitución sencilla	$A+BZ \longrightarrow AZ+B$
Reacciones de sustitución doble	$AX+BZ \longrightarrow AZ+BX$
Reacciones de neutralización	$H+M\ (OH) \longrightarrow Base+H_2O$
Reacciones de combustión	Carbono + Hidrógeno $\longrightarrow CO_2+H_2O$

Aquí encontrarás ejecicios resueltos para resolver los problemas del capítulo

EJERCICIO:
CLASIFICA LAS SIGUIENTES REACCIONES QUÍMICAS. VE EL EJEMPLO DEL VIDEO PARA QUE PUEDAS RESOLVER FÁCILMENTE LOS SIGUIENTES EJERCICIOS DE ECUACIONES QUÍMICAS Y DEFINIR DE QUÉ CLASE SON.

Nota: Si crees conveniente, haz los procedimientos en hojas o cuaderno aparte para mayor espacio, orden y comodidad. Puedes ejercitar el tema muchas veces hasta dominarlo.

1. $Ca + O_2 \longrightarrow CaO$

a. síntesis
b. descomposición
c. sustitución sencilla
d. sustitución doble
e. neutralización
f. combustión

2. $HgO \longrightarrow Hg + O_2$

a. síntesis
b. descomposición
c. sustitución sencilla
d. sustitución doble
e. neutralización
f. combustión

3. $Cd + H_2SO_4 \longrightarrow CdSO_4 + H_2$

a. síntesis
b. descomposición
c. sustitución sencilla

d. sustitución doble
e. neutralización
f. combustión

4. $C + O_2 \longrightarrow CO_2$

a. síntesis
b. descomposición
c. sustitución sencilla
d. sustitución doble
e. neutralización
f. combustión

5. $Al + Cl_2 \longleftrightarrow AlCl_3$

a. síntesis
b. descomposición
c. sustitución sencilla
d. sustitución doble
e. neutralización
f. combustión

6. $Zn(OH)_2 + H_2SO_4 \longrightarrow ZnSO_4 + H_2O$

a. síntesis
b. descomposición
c. sustitución sencilla
d. sustitución doble
e. neutralización
f. combustión

7. $Pb(NO)_3 + HCl \longrightarrow PbCl_2 + HNO_3$

a. síntesis
b. descomposición
c. sustitución sencilla
d. sustitución doble
e. neutralización
f. combustión

8. $CdSO_4 + KOH \longrightarrow Cd(OH)_2 + K_2SO_4$

a. síntesis
b. descomposición
c. sustitución sencilla
d. sustitución doble
e. neutralización
f. combustión

9. $KNO_3 \longrightarrow KNO_2 + O_2$

a. síntesis
b. descomposición
c. sustitución sencilla
d. sustitución doble
e. neutralización
f. combustión

10. $H_2SO_4 + NaOH \longrightarrow Na_2SO_4 + H_2O$

a. síntesis
b. descomposición

c. sustitución sencilla
d. sustitución doble
e. neutralización
f. combustión

11. $C_5H_{12}+O_2 \longrightarrow CO_2+H_2O$

a. síntesis
b. descomposición
c. sustitución sencilla
d. sustitución doble
e. neutralización
f. combustión

12. Menciona el tipo de reacción: $N_2+3H_2 \longrightarrow 2NH_3$

a. análisis
b. síntesis
c. simple desplazamiento
d. descomposición

13. Menciona el tipo de reacción: $MgS+NaNO_3 \longrightarrow MgNO_3+Na_2S$

a. síntesis
b. sustitución simple
c. neutralización
d. sustitución doble

14. Menciona el tipo de reacción: $H_2\,PO_3 \longrightarrow PO_2+\,H_2O)$

a. descomposición

b. sustitución simple
c. neutralización
d. sustitución doble

RESPUESTAS TEMA 24:

1. síntesis
2. descomposición
3. sustitución sencilla
4. síntesis
5. síntesis
6. neutralización
7. sustitución doble
8. sustitución doble
9. descomposición
10. neutralización
11. combustión
12. síntesis
13. sustitución doble
14. descomposición

TEMA 25

BALANCEO POR MÉTODO DE TANTEO

Aquí encontrarás ejecicios resueltos
para resolver los problemas del capítulo

EJERCICIO:

BALANCEALASSIGUIENTESECUACIONESPORELMÉTODODETANTEO.PUEDESUTILIZARLA TABLA PARA HACER LOS CÁLCULOS TAL COMO SE ENSEÑA EN EL VIDEO, DONDE, ADEMÁS, PODRÁS CONOCER CÓMO BALANCEAR LOS EJEMPLOS QUE SE PRESENTAN ENSEGUIDA.

Nota: Si crees conveniente, haz los procedimientos en hojas o cuaderno aparte para mayor espacio, orden y comodidad. Puedes ejercitar el tema muchas veces hasta dominarlo.

1. $Al + O_2 \longrightarrow Al_2O_3$

Izquierda		Derecha
	Al	
	O	

a. 4, 3, 2
b. 4, 2, 3
c. 2, 3, 4

2. $Al + N_2 \longrightarrow AlN$

Izquierda		Derecha
	Al	
	N	

a. 2,2,1
b. 1,2,2
c. 2,1,2

3. $Sn + H_2 \longrightarrow SnH_4$

Izquierda		Derecha
	Sn	
	H	

a. 2, 2, 1
b. 1, 2, 1
c. 2, 1, 2

4. $I_2 + O_2 \longrightarrow I_2O_7$

Izquierda		Derecha
	I	
	O	

a. 2, 7, 2
b. 2, 2, 2
c. 2, 2, 7

5. $H_2 + N_2 \longrightarrow NH_3$

Izquierda		Derecha
	H	
	N	

a. 1, 2, 3
b. 2, 3, 1
c. 3, 1, 2

6. $P + O_2 \longrightarrow P_2O_3$

Izquierda		Derecha
	P	
	O	

a. 4, 3, 2
b. 4, 3, 3
c. 4, 2, 3

7. $P + O_2 \longrightarrow P_2O_5$

Izquierda		Derecha
	P	
	O	

a. 4, 2, 5
b. 2, 5, 4
c. 4, 5, 2

8. $Sn + S \longrightarrow SnS$

Izquierda		Derecha
	Sn	
	S	

a. 2, 3, 3
b. 2, 2, 3
c. 1, 1, 1

9 $. As + N_2 \longrightarrow As_3N_5$

Izquierda		Derecha
	As	
	N	

a. 6, 5, 2
b. 7, 2, 4
c. 6, 2, 5

10. $H2 + O_2 \longrightarrow H_2O$

Izquierda		Derecha
	H	
	O	

a. 1, 1, 2
b. 2, 1, 2
c. 2, 2, 1

11. $Na_2O + H_2O \longrightarrow NaOH$

Izquierda		Derecha
	Na	
	H	
	O	

a. 2, 2, 1
b. 1, 2, 1
c. 1, 1, 2

12. $Al + HBr \longrightarrow AlBr_3 + H_2$

Izquierda		Derecha
	Al	
	Br	
	H	

a. 2, 3, 6, 2
b. 2, 2, 6, 3
c. 2, 6, 2, 3

13. $Fe(OH)_3 + H_2SO_4 \longrightarrow Fe_2(SO_4)_3 + H_2O$

Izquierda		Derecha
	Fe	
	S	
	H	
	O	

a. 2, 3, 1, 6
b. 2, 3, 1, 5
c. 2, 2, 1, 6

RESPUESTAS TEMA 25:

1. 4, 3, 2
2. 2, 1, 2
3. 1, 2, 1
4. 2, 7, 2
5. 3, 1, 2
6. 4, 3, 2
7. 4, 5, 2
8. 1, 1, 1
9. 6, 5, 2
10. 2, 1, 2
11. 1, 1, 2
12. 2, 6, 2, 3
13. 2, 3, 1, 6

TEMA 26

LEY DE LA CONSERVACIÓN DE LA MATERIA

Aquí encontrarás ejecicios resueltos para resolver los problemas del capítulo

EJERCICIO:

EJERCICIOS: REALIZA LA COMPROBACIÓN DE LA LEY DE LA CONSERVACIÓN DE LA MASA CON AYUDA DE LA TABLA PERIÓDICA. LOS RESULTADOS PUEDEN VARIAR POR EL USO DE DECIMALES Y SERÁN, POR ENDE, APROXIMADOS. LAS ECUACIONES YA ESTÁN BALANCEADAS.

Nota: Si crees conveniente, haz los procedimientos en hojas o cuaderno aparte para mayor espacio, orden y comodidad. Puedes ejercitar el tema muchas veces hasta dominarlo.

1.Realiza los cálculos y procedimientos para cumplir con la ley de la conservación

$$1C_2H_6O + 3O_2 \longrightarrow 2CO_2 + 3H_2O$$

a. 142 y 142 gramos
b. 421 y 421 gramos
c. 124 y 124 gramos
d. 170 y 170 gramos

2.Realiza los cálculos necesarios para cumplir con la ley de la conservación

$$1Al_2O_3 + 3\ H_2O \longrightarrow 2Al(OH)_3$$

a. 142 y 142 gramos
b. 421 y 421 gramos
c. 124 y 124 gramos
d. 156 y 156 gramos

3.Realiza los cálculos necesarios para cumplir con la ley de la conservación

$$2Sn + 10HCl \longrightarrow 2SnCl_5 + 5H_2$$

a. 306 y 306 gramos
b. 603 y 603 gramos
c. 124 y 124 gramos
d. 156 y 156 gramos

RESPUESTAS TEMA 26:

1. 142 gramos en ambos lados
2. 156 gramos en ambos lados
3. 603 gramos en ambos lados

TEMA 27

ECUACIONES QUÍMICAS: REACCIONES DE SÍNTESIS

Aquí encontrarás ejecicios resueltos para resolver los problemas del capítulo

EJERCICIO:

COMPLETA LAS SIGUIENTES REACCIONES DE SÍNTESIS RESOLVIENDO EL PRODUCTO DE LA ECUACIÓN. BALANCEA LOS REACTIVOS Y EL PRODUCTO. REALIZA EL PROCEDIMIENTO, PASO A PASO COMO EN EL VIDEO, COLOCANDO LA VALENCIA ADECUADA SEGÚN EL FORMULARIO..

H^{+1}	Be^{+2}	B^{+3}	C^{-2}	N^{-3}	O^{-2}	F^{-1}
Li^{+1}	Mg^{+2}	Al^{+3}	Si^{+2}	P^{-3}	S^{-2}	Cl^{-1}
Na^{+1}	Ca^{+2}	Ga^{+3}	Ge^{+2}	$As^{+3,5}$	Se^{-2}	Br^{-1}
K^{+1}	Sr^{+2}	In^{+3}	$Sn^{+2,+4}$	$Sb^{+3,5}$	Te^{-2}	I^{-1}
Rb^{+1}	Ba^{+2}	$Ti^{+1,+3}$	$Pb^{+2,+4}$	$Bi^{+3,5}$	Po^{-2}	At^{-1}

$Cu^{+1,2}$	$Hg^{+1,2}$	$Fe^{+2,3}$	$Co^{+2,3}$	Ag^{+1}	
$Au^{+1,3}$	$Cr^{+2,3}$	$Ni^{+2,3}$	$Pt^{+2,4}$	Zn^{+2}	Cd^{+2}

Nota: Si crees conveniente, haz los procedimientos en hojas o cuaderno aparte para mayor espacio, orden y comodidad. Puedes ejercitar el tema muchas veces hasta dominarlo.

1. $Al + O_2 \longrightarrow$

a. $3Al_2O_3$
b. $2Al_2O_3$
c. AlO_2

2. $B + S \longrightarrow$

a. B_2S_3
b. BS
c. B_2S_3

3. $Na + O_2 \longrightarrow$

a. NaO_2
b. Na_2O
c. $2Na_2O$

4. $Ca + N_2 \longrightarrow$

a. $Ca3N_2$
b. $2Ca3N_2$
c. CaN_2

5. $Rb + P \longrightarrow$

a. RbP
b. Rb_3P
c. RbP_3

1. $Al + O_2 \longrightarrow$

a. $3Al_2O_3$
b. $2Al_2O_3$
c. AlO_2

2. $B + S \longrightarrow$

a. B_2S_3
b. BS
c. B_2S_3

3. $Na + O_2 \longrightarrow$

a. NaO_2
b. Na_2O
c. $2Na_2O$

4. $Ca + N_2 \longrightarrow$

a. $Ca3N_2$
b. $2Ca3N_2$
c. CaN_2

5. $Rb + P \longrightarrow$

a. RbP
b. Rb_3P
c. RbP_3

6. $H_2 + F_2 \longrightarrow$

a. 2HF
b. H_2F_2
c. HF

7. $Ga + S \longrightarrow$

a. GaS
b. Ga_2S_3
c. Ga_3S_2

8. $K + Se \longrightarrow$

a. KSe
b. $2K_2Se$
c. K_2Se

RESPUESTAS TEMA 27:

1. $2Al_2O_3$
2. B_2S_3
3. $2Na_2O$
4. Ca_3N_2
5. Rb_3P
6. 2HF
7. Ga_2S_3
8. K_2Se

TEMA 28

ECUACIONES QUÍMICAS: REACCIONES DE SUSTITUCIÓN SIMPLE

Aquí encontrarás ejecicios resueltos para resolver los problemas del capítulo

EJERCICIOS:

COMPLETALASREACCIONESDESUSTITUCIÓNSIMPLE.VELOSVIDEOSANEXADOSYUTILIZA LAS VALENCIAS DE LOS FORMULARIOS.

H^{+1}	Be^{+2}	B^{+3}	C^{-2}	N^{-3}	O^{-2}	F^{-1}
Li^{+1}	Mg^{+2}	Al^{+3}	Si^{+2}	P^{-3}	S^{-2}	Cl^{-1}
Na^{+1}	Ca^{+2}	Ga^{+3}	Ge^{+2}	$As^{+3,5}$	Se^{-2}	Br^{-1}
K^{+1}	Sr^{+2}	In^{+3}	$Sn^{+2,+4}$	$Sb^{+3,5}$	Te^{-2}	I^{-1}
Rb^{+1}	Ba^{+2}	$Ti^{+1,+3}$	$Pb^{+2,+4}$	$Bi^{+3,5}$	Po^{-2}	At^{-1}

$Cu^{+1,2}$	$Hg^{+1,2}$	$Fe^{+2,3}$	$Co^{+2,3}$	Ag^{+1}	
$Au^{+1,3}$	$Cr^{+2,3}$	$Ni^{+2,3}$	$Pt^{+2,4}$	Zn^{+2}	Cd^{+2}

Nota: Si crees conveniente, haz los procedimientos en hojas o cuaderno aparte para mayor espacio, orden y comodidad. Puedes ejercitar el tema muchas veces hasta dominarlo.

1. $AlCl_3 + Ag \longrightarrow$

a. $AgCl + Al$
b. $AgCl + 3Al$
c. $3AgCl + Al$

2. $CdBr_2 + Al \longrightarrow$

a. $2AlBr_3 + 3Cd$
b. $AlBr_3 + 3Cd$
c. $2AlBr_3 + Cd$

3. $Ca_3N_2 + Na \longrightarrow$

a. $Na_3N + Ca$
b. $2Na_3N + 3Ca$
c. $Na_3N + 3Ca$

4. $NaF + Zn \longrightarrow$

a. $ZnF + 2Na$
b. $ZnF_2 + Na$
c. $ZnF_2 + 2Na$

5. $Cd_3 N_2 + Sr \longrightarrow$

a. $Sr_3N2 + 3Cd$
b. $Sr_3N + 3Cd$
c. $Sr_3N2 + Cd$

6. $NaCl + Al \longrightarrow$

a. $AlCl_3 + 3Na$
b. $AlCl + 3Na$
c. $AlCl_3 + Na$

7. $Sr + CaI_2 \longrightarrow$

a. $2SrI_2 + Ca$
b. $SrI_2 + Ca$
c. $SrI_2 + 2Ca$

8. $Al + MgCl_2 \longrightarrow$

a. $AlCl_3 + 3Mg$
b. $2AlCl_3 + 3Mg$
c. $AlCl_3 + Mg$

RESPUESTAS TEMA 28:

1. $3AgCl + Al$
2. $2AlBr_3 + 3Cd$
3. $2Na_3N + 3Ca$
4. $ZnF_2 + 2Na$
5. Sr3N2 + 3Cd
6. $AlCl_3 + 3Na$
7. $SrI_2 + Ca$
8. $2AlCl_3 + 3Mg$

TEMA 29

ESTEQUIOMETRÍA MOLES-MOLES

Aquí encontrarás ejecicios resueltos para resolver los problemas del capítulo

EJERCICIOS:
RESUELVE LOS PROBLEMAS. APÓYATE DEL VIDEO ANTERIOR. UTILIZA CALCULADORA.

Nota: Si crees conveniente, haz los procedimientos en hojas o cuaderno aparte para mayor espacio, orden y comodidad. Puedes ejercitar el tema muchas veces hasta dominarlo.

1. Reacciona aluminio con oxígeno para producir óxido de aluminio. Se dejan reaccionar 2.54 mol de aluminio con oxígeno. ¿Cuántas moles de óxido de aluminio pueden formarse?

$$4Al + 3O_2 \longrightarrow 2Al_2O_3$$

a. 1.27 moles
b. 5.08 moles
c. 1.72 moles
d. 5.80 moles

2. Reacciona estaño con hidrógeno para producir hidruro de estaño. Se dejan reaccionar 0.54 mol de estaño con hidrógeno. ¿Cuántas moles de hidruro estáñico pueden formarse?

$$Sn + 2H_2 \longrightarrow SnH_4$$

a. 1.11 moles
b. 0.54 moles
c. 1.08 moles
d. 0.45 moles

3. Reacciona hidrógeno con nitrógeno para producir amoniaco. Se dejan reaccionar 0.93 mol de hidrógeno con nitrógeno. ¿Cuántas moles de amoniaco pueden formarse?

$$3H_2 + N_2 \longrightarrow 2NH_3$$

a. 1.395 mol
b. 1.935 mol
c. 0.62 mol
d. 0.52 mol

4. Reacciona fósforo con oxígeno para producir óxido de fósforo. Se dejan reaccionar 1.34 mol de oxígeno. ¿Cuántas moles de óxido de fósforo pueden formarse?

$$4P + 5O_2 \longrightarrow 2P_2O_5$$

a. 0.555 mol
b. 3.53 mol
c. 0.536 mol
d. 3.35 mol

5. Reacciona arsénico con nitrógeno para producir nitruro de arsénico. Se dejan reaccionar 4.32 mol de nitrógeno con el arsénico. ¿Cuántas moles de nitruro de arsénico pueden formarse?

$$6As + 5N_2 \longrightarrow 2As_3N_5$$

a. 1.800 mol
b. 1.728 mol
c. 1.44 mol
d. 1.90 mol

6. Reacciona flúor con hidrógeno gaseoso para producir ácido fluorhídrico. Se dejan reaccionar 0.243 moles de flúor con el hidrógeno. ¿Cuántas moles de ácido fluorhídrico pueden formarse?

$$F_2 + H_2 \longrightarrow 2HF$$

a. 0.486 moles
b. 0.1215 moles
c. 0.468 moles
d. 0.1251 moles

RESPUESTAS TEMA 29:

1. 1.27 mol
2. 0.54 mol
3. 0.62 mol
4. 0.536 mol
5. 1.728 mol
6. 0.486 mol

TEMA 30

ESTEQUIOMETRÍA MASA-MOLES

EJERCICIOS:
RESUELVE LOS PROBLEMAS. APÓYATE DEL VIDEO ANTERIOR. UTILIZA CALCULADORA.

Aquí encontrarás ejecicios resueltos para resolver los problemas del capítulo

Nota: Si crees conveniente, haz los procedimientos en hojas o cuaderno aparte para mayor espacio, orden y comodidad. Puedes ejercitar el tema muchas veces hasta dominarlo.

1. Calcula los gramos de dióxido de carbono (CO_2), que se producen con 1.25 mol de propano (C_3H_8)

$$C_3H_8 + 5O_2 \longrightarrow 3CO_2 + 4H_2O$$

a. 165 gramos de dióxido
b. 160 gramos de dióxido
c. 156 gramos de dióxido

2. Calcula los gramos de óxido de aluminio, que se producen con 2.33 moles de aluminio

$$4Al + 3O_2 \longrightarrow 2Al_2O_3$$

a. 118.8 gramos de Al_2O_3
b. 181.8 gramos de Al_2O_3
c. 1.165 gramos de Al_2O_3

3. Calcula los gramos de hidruro de estaño, (SnH_4) que se producen con 0.25 moles de hidrógeno

$$Sn + 2H_2 \longrightarrow SnH_4$$

a. 0.125 gramos
b. 122.70 gramos
c. 15.337 gramos

4. Calcula los gramos de amoniaco (NH_3)que se producen con 5.1 mol de hidrógeno

$$3H_2 + N_2 \longrightarrow 2NH_3$$

a. 3.40 gramos
b. 130 gramos
c. 57.8 gramos

5. Calcula los gramos de óxido de fósforo (V) (P_2O_5), que se producen con 0.34 mol de fósforo

$$4P + 5O_2 \longrightarrow 2P_2O_5$$

a. 24.14 gramos
b. 20.00 gramos
c. 0.17 gramos

RESPUESTAS TEMA 30:

1. 165 g
2. 118.8 g
3. 15.337 g
4. 57.8 g
5. 24.14 g

TEMA 31
LEY DE BOYLE

En química existen problemas que involucran presión, volumen y temperatura. Toca resolverlos con las siguientes ecuaciones. Apóyate de los videos que te comparto a continuación y realiza el procedimiento paso a paso. No trates de atinarle a la respuesta.

FÓRMULAS:

$$P_1 = \frac{P_2 \cdot V_2}{V_1}$$

$$P_2 = \frac{P_1 \cdot V_1}{V_2}$$

$$V_1 = \frac{P_2 \cdot V_2}{P_1}$$

$$V_2 = \frac{P_1 \cdot V_1}{P_2}$$

Aquí encontrarás ejecicios resueltos para resolver los problemas del capítulo

EJERCICIOS:
RESUELVE LOS PROBLEMAS. APÓYATE DEL VIDEO ANTERIOR. UTILIZA CALCULADORA.

Nota: Si crees conveniente, haz los procedimientos en hojas o cuaderno aparte para mayor espacio, orden y comodidad. Puedes ejercitar el tema muchas veces hasta dominarlo.

1. Una cantidad de gas ocupa un volumen de 80 mL a una presión de 0.986 atm. ¿Qué volumen ocupará a una presión de 1.2 atm si la temperatura no cambia?

Fórmula › Datos y Procedimientos

a. 0.0147 mL
b. 97.36 mL
c. 65.73 mL
d. 65.37 mL

2. Disponemos de una muestra de gas que, a 200 °C, presenta una presión de 2.8 atm y un volumen de 15.9 L. ¿Qué volumen ocupará si, a la misma temperatura, la presión baja hasta 1.0 atm?

Fórmula **Datos y Procedimientos**

a. 40.00 L
b. 44.52 L
c. 5.67 L
d. 44.25 L

3. Una cierta cantidad de gas ocupa un volumen de 200 mL a la presión de 0.986 atm. ¿Qué presión ocuparía un volumen de 50 mL a la misma temperatura?

Fórmula

Datos y Procedimientos

a. 0.2465 atm
b. 4.056 atm
c. 3.49 atm
d. 3.94 atm

4. Una muestra de un gas tiene un volumen de 285 mL medido a 25 °C y 760 kPa. ¿Qué volumen en mililitros ocupará a 25 °C y 195 kPa?

Fórmula **Datos y Procedimientos**

a. 1,110 mL
b. 1,010 mL
c. 520 mL
d. 521 mL

5. El volumen de una masa de gas es de 325 mL a 10 °C y 380 mmHg. ¿Cuál será su volumen en mL si se le mide a 10 °C y 1,520 mmHg?

Fórmula > **Datos y Procedimientos**

a. 1,777.2 mL
b. 82.15 mL
c. 81.25 mL
d. 81. 52 mL

RESPUESTAS TEMA 31:

1. 65.73 mL
2. 44.52 L
3. 3.944 L
4. 1,110 mL
5. 81.25 mL

TEMA 32
LEY DE CHARLES

Ahora sigue la ley de Charles, que involucra volumen y temperatura en gases.

Las fórmulas serán las siguientes:

FÓRMULAS:

$$V_1 = \frac{T_1 \cdot V_2}{T_2}$$

$$T_1 = \frac{V_1 \cdot T_2}{V_2}$$

$$V_2 = \frac{V_1 \cdot T_2}{T_1}$$

$$T_2 = \frac{T_1 \cdot V_2}{V_1}$$

Observa los siguientes videos para resolver los ejercicios a continuación:

Aquí encontrarás ejecicios resueltos para resolver los problemas del capítulo

EJERCICIOS:
RESUELVE APLICANDO LA FÓRMULA CORRESPONDIENTE.

Nota: Si crees conveniente, haz los procedimientos en hojas o cuaderno aparte para mayor espacio, orden y comodidad. Puedes ejercitar el tema muchas veces hasta dominarlo.

1. Una cantidad fija de gas a 296.15 K ocupa un volumen de 10.3 L. Determina la temperatura final del gas si alcanza un volumen de 23.00 L a presión constante

Fórmula | Datos y Procedimientos

a. 661.3 K
b. 616.3 K
c. 0.799 K
d. 132.62 K

2. El volumen inicial de una cierta cantidad de gas es de 200 mL a la temperatura de 293.15 K. Calcula el volumen del gas si la temperatura asciende a 363.15 K y la presión se mantiene constante. Nota: El volumen lo puedes dejar en mililitros

Fórmula

Datos y Procedimientos

a. 532.28 mL
b. 161.44 mL
c. 247.85 mL
d. 247.75 mL

3. Una masa de oxígeno ocupa 200 mL a 100 °C. Determina su volumen a 0 °C, si la presión se mantiene constante

Fórmula | Datos y Procedimientos

a. 169 mL
b. 273 mL
c. 146 mL
d. 164 mL

RESPUESTAS TEMA 32:

1. 661.3 K
2. 247.75 mL
3. 146 mL

TEMA 33

LEY DE GAY-LUSSAC

Las fórmulas para la ley de Gay-Lussac son:

FÓRMULAS:

$$P_1 = \frac{V_1 \cdot P_2}{T_2}$$

$$P_2 = \frac{P_1 \cdot T_2}{T_1}$$

$$T_2 = \frac{T_1 \cdot P_2}{P_1}$$

$$T_1 = \frac{P_1 \cdot T_2}{P_2}$$

Con este video podrás resolver los ejercicios planteados a continuación:

Aquí encontrarás ejecicios resueltos para resolver los problemas del capítulo

EJERCICIOS:
RESUELVE APLICANDO LA FÓRMULA CORRESPONDIENTE.

Nota: : Si crees conveniente, haz los procedimientos en hojas o cuaderno aparte para mayor espacio, orden y comodidad. Puedes ejercitar el tema muchas veces hasta dominarlo.

1. La llanta de una moto está inicialmente a una presión de 4.55 atm a la temperatura del verano, que es de 25 °C en Cd. de México, después de andar por la carretera durante cierto tiempo la temperatura se elevó a 33 °C. Calcula la presión final del neumático

Fórmula

Datos y Procedimientos

a. 4.67 atm
b. 4.09 atm
c. 4.43 atm
d. 20,041.31 atm

2. Un recipiente de laboratorio contiene un gas a temperatura inicial de 23 °C y presión inicial de 11,000 Pa. Se calienta y se expande el vapor de gas hasta alcanzar una presión final de 18,000 Pa. Calcula la temperatura final del gas.

Fórmula

Datos y Procedimientos

a. 180.8 K
b. 668,918.91K
c. 448 K
d. 484 K

3. Un gas contenido en un recipiente se encuentra sometido a una presión de 2 atm a la temperatura de 27 °C, ¿qué temperatura adquiere si se le aplica una presión de 3 atm?

Fórmula **Datos y Procedimientos**

a. 450 K
b. 540 K
c. 1,800 K
d. 200 K

4. Un gas produce una presión de 4 atm a la temperatura de 47 °C. ¿Qué presión produce a la temperatura de 127 °C?

Fórmula **Datos y Procedimientos**

a. 8 atm
b. 5 atm
c. 3.2 atm
d. 2.3 atm

5. Se calienta aire en un cilindro de acero de volumen constante cuya temperatura y presión iniciales son 20 °C y 3 atm, respectivamente. Determina la temperatura final del cilindro si la presión aumenta hasta 9 atm

Fórmula

Datos y Procedimientos

a. 879 K
b. 97.66 K
c. 0.092 K
d. 897 K

6. Una cierta cantidad de gas se encuentra a la presión de 790 mmHg cuando la temperatura es de 298.15 K. Determina la presión que alcanzará si la temperatura sube hasta los 473.15 K, si el volumen se mantiene constante

Fórmula **Datos y Procedimientos**

a. 178.42 mmHg
b. 1253.7 mmHg
c. 497 mmHg
d. 178.4 mmHg

7. Un gas, a una temperatura de 35 °C y una presión de 440 mmHg, se calienta hasta que su presión sea de 760 mmHg. Si el volumen permanece constante, ¿cuál es la temperatura final del gas en °C?

Fórmula

Datos y Procedimientos

a. 523 K
b. 178.3 K
c. 532 K
d. 1,085 k

RESPUESTAS TEMA 33:

1. 4.67 atm
2. 484 K
3. 450 K
4. 5 atm
5. 879 K
6. 1,253.7 mmHg
7. 532 K

TEMA 34

LEY GENERAL DE LOS GASES IDEALES

Las leyes de los 3 temas anteriores (Boyle, Charles y Gay-Lussac) se fusionan y juntan en fórmulas que involucran los gases con parámetros de PRESIÓN, VOLUMEN y TEMPERATURA. Las fórmulas necesarias son:

FÓRMULAS:

$$P_1 = \frac{P_2 V_2 T_1}{V_1 T_2}$$

$$T_1 = \frac{P_1 V_1 T_2}{P_2 V_2}$$

$$V_1 = \frac{P_2 V_2 T_1}{P_1 T_2}$$

$$T_2 = \frac{P_2 V_2 T_1}{P_1 V_1}$$

$$P_2 = \frac{P_1 V_1 T_2}{V_2 T_1}$$

$$V_2 = \frac{P_1 V_1 T_2}{P_2 T_1}$$

En este tema te anexo varios videos; velos y estúdialos para resolver los ejercicios a continuación. Utiliza la calculadora científica. Realiza el procedimiento paso a paso. No trates de atinarle a la respuesta.

Aquí encontrarás ejecicios resueltos para resolver los problemas del capítulo

EJERCICIOS:
RESUELVE LOS PROBLEMAS DE PRESIÓN, TEMPERATURA Y VOLUMEN EMPLEANDO LA FÓRMULA ADECUADA.

Nota: : Si crees conveniente, haz los procedimientos en hojas o cuaderno aparte para mayor espacio, orden y comodidad. Puedes ejercitar el tema muchas veces hasta dominarlo.

1. Cierto gas ocupa un volumen de 205 mL a 20 °C y 1.06 atm. Calcula su volumen a 60 °C y 0.789 atm.

Fórmula > Datos y Procedimientos

a. 319 mL
b. 133 mL
c. 313 mL
d. 331 mL

2. Un gas tiene volumen de 265 mL a 25 °C y 0.56 atm. Calcula su volumen en mL a 10 °C y 1.4 atm

Fórmula > **Datos y Procedimientos**

a. 199.88 mL
b. 97.99 mL
c. 100.66 mL
d. 282 mL

Aquí encontrarás ejecicios resueltos para resolver los problemas del capítulo

3. Un globo se infla a 23 litros y 7.8 atm de presión para calentarse a 20 °C; después, la temperatura subió a 30 °C y la presión nueva es 5.5 atm. Calcula el volumen final del globo inflado

Fórmula > **Datos y Procedimientos**

a. 37.33 litros
b. 0.011 litros
c. 33.73 litros
d. 33.37 litros

4. En una fiesta infantil se contrata un inflable para los niños y se infla totalmente hasta 4,000 litros de volumen a 46.9 atm de presión y se calienta a la temperatura del ambiente en el jardín, que es de 22 °C. Al terminar la fiesta, la temperatura por la noche es de 17 °C y la presión disminuyó hasta 19.9 atm. Calcula el volumen final que ocupa el inflable

Fórmula **Datos y Procedimientos**

a. 9,267 litros
b. 9000 litros
c. 2,679 litros
d. 43.38 litros

Aquí encontrarás ejecicios resueltos para resolver los problemas del capítulo

5. Ahora el globo se infla con helio (peso molecular = 4.0026) y posee 15 gramos de gas en su interior, a una presión ambiental de 3.5 atm y a temperatura de 25 °C. Calcula su volumen

Fórmula | **Datos y Procedimientos**

a. 26.19 litros
b. 20.19 litros
c. 3.500 litros
d. 62.19 litros

6. Una muestra de gas ocupa 185 mL a 10 °C y 750 mmHg. ¿Qué volumen en mL ocupará el gas a 20 °C y 750 mmHg?

Fórmula **Datos y Procedimientos**

a. 199.2 mL
b. 191.5 mL
c. 190 mL
d. 194 mL

7. Un gas ocupa un volumen de 87 mL a 27 °C y 740 Torr. ¿Qué volumen en mL ocupará el gas a 5 °C y 740 Torr?

Fórmula | Datos y Procedimientos

a. 81.90 mL
b. 80.62 mL
c. 86.02 mL
d. 82.06 mL

RESPUESTAS TEMA 34:

1. 313 mL
2. 100.66 mL
3. 33.73 L
4. 9,267 L
5. 26.19 L
6. 191.5 mL
7. 80.62 mL

TEMA 35
ECUACIÓN DEL GAS IDEAL

Las fórmulas a utilizar son:

$$V = \frac{mRT}{PM} \qquad n = \frac{PV}{RT} \qquad m = \frac{PVM}{RT}$$

$$P = \frac{mRT}{VM} \qquad P = \frac{nRT}{V} \qquad M = \frac{mRT}{PV}$$

$$T = \frac{PVM}{mR} \qquad P = \frac{dRT}{M} \qquad V = \frac{nRT}{P}$$

El significado de las letras en las fórmulas es:

- n= Moles
- d= densidad
- m= masa gramos
- P= presión en atm
- N= moléculas
- V= volumen en litros
- Celsius a Kelvin suma 273
- T= temperatura en Kelvin
- R= 0.0821, siempre vale lo mismo
- M= peso molecular de tabla periódica
- De mmHg a atm se divide entre 760
- De ml a litros se divide entre 1000

EJERCICIOS:
RESUELVE LOS PROBLEMAS DE PRESIÓN, TEMPERATURA Y VOLUMEN EMPLEANDO LA FÓRMULA ADECUADA.

Aquí encontrarás ejecicios resueltos para resolver los problemas del capítulo

Nota: : Si crees conveniente, haz los procedimientos en hojas o cuaderno aparte para mayor espacio, orden y comodidad. Puedes ejercitar el tema muchas veces hasta dominarlo.

1. Calcula la presión en atmósferas de 0.6 mol de gas nitrógeno, que ocupan un cilindro de 10 L a 35 °C. Usa la ecuación general de los gases

Fórmula

Datos y Procedimientos

a. 5.12 atm
b. 0.1722 atm
c. 1.52 atm
d. 1.052 atm

2. ¿Cuál será la presión de un neumático que se infla en la gasolinera con 0.8 mol de aire y ocupa un volumen de 90 litros a 42 °C? Utiliza la ecuación general de los gases

Fórmula | Datos y Procedimientos

a. 0.2296 atm
b. 0.0306 atm
c. 276,585 atm
d. 2,905 atm

3. Calcula el volumen de oxígeno, cuya fórmula es O2 (el peso de cada oxígeno es 16), si su presión es 12.3 atm y posee una masa de 45 gramos a 90 °C de temperatura

Fórmula > **Datos y Procedimientos**

a. 6.80 litros
b. 1.7 litros
c. 4.30 litros
d. 3.40 litros

Aquí encontrarás ejecicios resueltos para resolver los problemas del capítulo

4. Calcula la masa del gas nitrógeno, cuya fórmula es N2 (cada nitrógeno tiene un valor de 14), a una presión de 1.56 atm a 14.5 litros de volumen y 39 °C

Fórmula

Datos y Procedimientos

a. 27.9 gramos
b. 49.5 gramos
c. 12.37 gramos
d. 24.75 gramos

5. ¿Cuál será la masa del gas hidrógeno, cuya fórmula es H_2 (cada hidrógeno tiene un valor de 1), a una presión de 0.88 atm y si se calienta hasta 60 °C en un volumen de 9.43 litros?

Fórmula | Datos y Procedimientos

a. 1.222 g
b. 0.3035 g
c. 0.607 g
d. 1.214 g

Aquí encontrarás ejecicios resueltos para resolver los problemas del capítulo

6. Calcula el volumen de un inflable que tiene aire a 500 mmHg de presión si la fórmula química es C3H8 (cada carbono vale 12 y cada hidrógeno vale 1) a una temperatura de 29 °C y una masa gigante de 8,500 gramos

Fórmula

Datos y Procedimientos

a. 7,284.09 litros
b. 7,002.04 litros
c. 8,300.24 litros
d. 7,450.04 litros

7. ¿Cuál será el volumen de una llanta para alberca con presión de 950 mmHg, si la fórmula química es CO_2 (cada carbono vale 12 y cada oxígeno vale 16), a una temperatura de 34 °C y con una masa de 499 gramos?

Fórmula > **Datos y Procedimientos**

a. 228.67 litros
b. 0.3008 litros
c. 6,221 litros
d. 218.67 litros

RESPUESTAS TEMA 35:

1. 1.52 atm
2. 0.2296 atm
3. 3.40 L
4. 24.75 L
5. 0.607 g
6. 7,284.09 L
7. 228.67 L

TEMA 36

ACIDEZ. PH Y POH

Ácidos

Bases

Algo ácido es cuando se encuentra el pH en valores del 0 al 7.

Algo no ácido (base) es cuando se encuentra en valores del 7 al 14.

Así se representa la escala del 0 al 14.

ESCALA DE PH

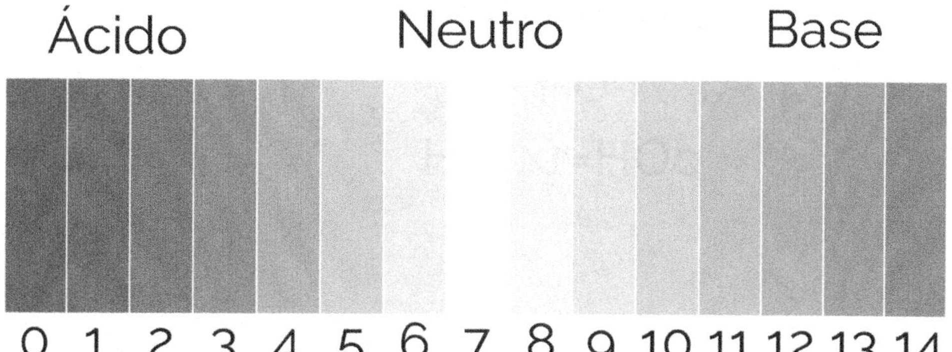

EJERCICIOS:

RESUELVE LOS PROBLEMAS DE ACIDEZ UTILIZANDO LA CALCULADORA CIENTÍFICA. A CONTINUACIÓN, TE ANEXO EL VIDEO CON EJEMPLOS Y LAS FÓRMULAS INDISPENSABLES.

Las fórmulas son:

PH $pH = -log(H^{+})$

POH $pOH = -log(OH^{-})$

1. Cocentración de Hidrógeno

   $(H^{+}) =$ ShiftLog-pH

2. Cocentración de Hidróxido

   $(H^{+}) =$ ShiftLog-pOH

3. Para PH

   $pH = 14 - pOH$

4. Para POH

   $pOH = 14 - pH$

Aquí encontrarás ejecicios resueltos para resolver los problemas del capítulo

Nota: : Si crees conveniente, haz los procedimientos en hojas o cuaderno aparte para mayor espacio, orden y comodidad. Puedes ejercitar el tema muchas veces hasta dominarlo.

1. Si el pH de un fruto rojo es 3.2,¿cuál seré su pOH?

a. 10.8
b. -7.6
c. 17.2
d. -10.8

2.El pOH de un jugo verde con trozos de piña es 12.3.,¿cuánto valdrá su pH?

a. -1.7
b. 26.3
c. 12.3
d. 1.7

3.Calcula el pH de una mezcla de ácido en agua si el pOH es 9.8

a. 2.4
b. -23.8
c. -4.2
d. 4.2

Aquí encontrarás ejecicios resueltos para resolver los problemas del capítulo

4.Calcula la concentración de iones H^+ de una solución química cuyo pH es de 6.2

Fórmula

Datos y Procedimientos

a. 6.3×10^{-7} mol/L
b. 5.3×10^{-7} mol/L
c. 7.3×10^{-7} mol/L
d. 6.3×10^{-8} mol/L

5.Calcula la concentración de iones H^+ de una solución química cuyo pH es de 9.6

Fórmula | **Datos y Procedimientos**

a. 3.511×10^{-10} mol/L
b. 2.511×10^{-10} mol/L
c. 2.502×10^{-10} mol/L
d. 2.511×10^{-11} mol/L

6.Calcula la concentración de iones OH^{-1} de una solución química con pOH de 2.50

Fórmula

Datos y Procedimientos

a. $4.162x10^{-03}$ mol/L
b. $3.162x10^{-04}$ mol/L
c. $3.162x10^{-03}$ mol/L
d. $3.172x10^{-03}$ mol/L

7.Calcula la concentración de iones OH^{-1} de una solución química con pOH de 12.0

Fórmula

Datos y Procedimientos

a. $1.0x10^{-11}$ mol/L
b. $1.0x10^{-12}$ mol/L
c. $1.0x10^{-13}$ mol/L
d. $1.1x10^{-12}$ mol/L

RESPUESTAS TEMA 36:

1. 10.8
2. 1.7
3. 4.2
4. $6.3X10^{-7}$ mol/L
5. $2.511x10^{-10}$ mol/L
6. $3.162x10^{-3}$ mol/L
7. $1.0x10^{-12}$ mol/L

TEMA 37

SOLUCIONES QUÍMICAS: PORCENTAJE EN MASA Y VOLUMEN

En química una solución o disolución es una mezcla.
Generalmente, las soluciones tienen agua.
Al agua se le llama disolvente (lo qué está en mayor proporción)
A lo que está en poca cantidad se le llama soluto.

Ejemplo de Solución

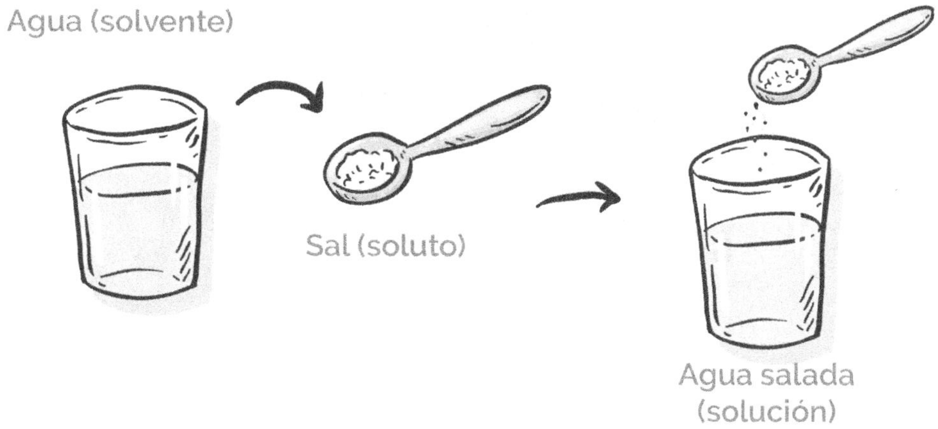

Las fórmulas:

Solución = Soluto + Solvente

$$\%peso = \frac{masa_{soluto}}{masa_{solución}} x100$$

$$\%volumen = \frac{volumen_{soluto}}{volumen_{solucion}} x100$$

- La solución siempre es IGUAL al 100%
- Si nos piden la masa de soluto se hace regla de 3
- Si nos piden la masa de solvente se hace regla de 3
- De litros a ml se multiplica por 1000
- De ml a litros se divide entre 1000

EJERCICIOS:
RESUELVE LOS PROBLEMAS DE SOLUCIONES QUÍMICAS.

Aquí encontrarás ejecicios resueltos para resolver los problemas del capítulo

Nota: Si crees conveniente, haz los procedimientos en hojas o cuaderno aparte para mayor espacio, orden y comodidad. Puedes ejercitar el tema muchas veces hasta dominarlo.

1.¿Cuál es la concentración en porcentaje de un café si se mezclan 30 g de azúcar en 500 g de agua

Fórmula | Datos y Procedimientos

a. 5.66%
b. 0.0566
c. 0.06
d. 6%

2.¿Cuál es la concentración en porcentaje en masa al mezclar 456 g de azúcar en 2,700 g de agua?

Fórmula

Datos y Procedimientos

a. 16.88%
b. 15.55%
c. 14.44%
d. 17.88%

3.¿Cuál es la concentración en porcentaje en volumen al mezclar 322 g de alcohol en 4,900 g de agua?

Fórmula → **Datos y Procedimientos**

a. 6.88%
b. 6.16%
c. 6.57%
d. 7.65%

4.Calcula el porcentaje del soluto si se tienen 7.25 g de cloruro sódio en 95 g de solución

Fórmula

Datos y Procedimientos

a. 7.63%
b. 0.0763%
c. 70.90%
d. 0.07090%

5.Calcula el porcentaje del soluto si se pesan 25.2 g de carbonato de potasio en 100 g de agua

Fórmula | Datos y Procedimientos

a. 0.2012%
b. 20.12
c. 0.252
d. 20.12%

6.Calcular el porciento de soluto al diluir 3.88 g de cloruro de calcio en 90 g de agua

Fórmula

Datos y Procedimientos

a. 0.0413%
b. 0.0431%
c. 4.31%
d. 4.13%

EJERCICIOS:
VE LOS SIGUIENTES VIDEOS PARA RESOLVER LOS PROBLEMAS A CONTINUACIÓN.

Aquí encontrarás ejecicios resueltos para resolver los problemas del capítulo

7.Calcula los gramos de soluto para preparar sulfato de potasio al 15% en 350 g de agua

Fórmula

Datos y Procedimientos

a. 62.76 gramos
b. 61.76 gramos
c. 1,983.33 gramos
d. 67.76 gramos

8.Calcula los gramos de soluto para preparar cloruro de potasio al 12% en 15 g de agua

Fórmula

Datos y Procedimientos

a. 2.450 gramos
b. 2.045 gramos
c. 110 gramos
d. 70.4 gramos

RESPUESTAS TEMA 37:

1. 5.66%
2. 14.44%
3. 6.16%
4. 7.63%
5. 20.12%
6. 4.13%
7. 61.76 gramos
8. 2.045 gramos

TEMA 38

SOLUCIONES QUÍMICAS: MOLARIDAD

Las fórmulas para el cálculo de la molaridad son:

$$M = \frac{n}{V}$$

$$m = (M)(PM)(V)$$

$$M = \frac{m}{(PM)(V)}$$

Aquí encontrarás ejecicios resueltos para resolver los problemas del capítulo

EJERCICIOS:

RESUELVE LOS PROBLEMAS DE SOLUCIONES QUÍMICAS UTILIZANDO TU CALCULADORA CIENTÍFICA Y TABLA PERIÓDICA.

Nota: Si crees conveniente, haz los procedimientos en hojas o cuaderno aparte para mayor espacio, orden y comodidad. Puedes ejercitar el tema muchas veces hasta dominarlo.

1.Calcula la molaridad de 82.5 gramos de alcohol etílico,de fórmula C_2H_6O,en 450 mL de solución acuosa

Fórmula

Datos y Procedimientos

a. 3.99×10^{-3} M
b. 4.09 M
c. 0.1833 M
d. 3.99 M

2.Calcula la molaridad de 2.65 gramos de cloruro de sodio,de fórmla NaCl,en 40 mL de solución acuosa

Fórmula **Datos y Procedimientos**

a. 1.13X10-^{03} M
b. 1.13 M
c. 106 M
d. 4.77 M

3.¿Cuál será la concentración molar de 11 gramos de KOH en 25 mL de solución acuosa?

Fórmula

Datos y Procedimientos

a. 7.85 mol/L
b. 0.00785 mol/L
c. 275 mol/L
d. 15,400 mol/L

4.¿Cuál será la concentración molar de 0.24 gramos de HNO_3 diluidos en 0.900 litros de solución?

Fórmula → **Datos y Procedimientos**

a. $4.232x10^{-3}$ mol/L
b. 4.23 mol/L
c. $4.232x10^{-4}$ mol/L
d. 0.216 mol/L

5.Obtén la molaridad de 33.5 gramos de HCl diluidos en 0.430 litros de solución

Fórmula > **Datos y Procedimientos**

a. 14.4 M
b. 2.31 M
c. 2,882.55 M
d. 2.13 M

Aquí encontrarás ejecicios resueltos para resolver los problemas del capítulo

6.Calcula los gramos de soluto que se necesitan para preparar 450 mL de una solución 0.110 M de NaOH

Fórmula **Datos y Procedimientos**

a. 1.99 gramos
b. 102.2 gramos
c. 6.111 gramos
d. 2.444 gramos

7.Calcula los gramos de soluto que se necesitan para preparar 250 mL de una solución 0.220 M de $CaCl_2$

Fórmula

Datos y Procedimientos

a. 6105 g
b. 6.105 g
c. 6.903 g
d. 0.055 g

8.Calcula los gramos de soluto que se necesitan para preparar 0.100 litros de una solución 0.155 M de $Na_2\ SO_4$

Fórmula > **Datos y Procedimientos**

a. 0.0155 g
b. 2.20 g
c. 22.0 g
d. 1.55 g

RESPUESTAS TEMA 38:

1. 3.99 M
2. 1.13 M
3. 7.85 mol/L
4. 4.232×10^{-3} mol/L
5. 2.13 M
6. 1.99 g
7. 6.105 g
8. 2.20 g

ANEXOS

Te anexo los mismos links y enlaces de todo el libro de manera directa y ordenada tema por tema, para que los vuelvas a ver muchas veces y repases cuando quieras y donde quieras.

www.emmanuelasesorias.com

TEMA 3: Mezclas, elementos y compuestos

TEMA 5: Metales y no metales

TEMA 6: Grupos y familias

TEMA 9: Átomos y moléculas

TEMA 11. Electrones, protones y neutrones en un átomo

TEMA 12: Electronegatividad

TEMA 13: Estructura de Lewis

TEMA 14: Fórmula empírica y fórmula molecular

TEMA 15: Peso molecular

Tema 16: Moles y gramos

TEMA 17: Número de Avogadro y cálculo de moléculas

TEMA 18: Números de oxidación y valencias

TEMA 19: Nomenclatura de óxidos

TEMA 20: Nomenclatura de hidróxidos

Tema 21: Nomenclatura de sales

TEMA 22: Nomenclatura de hidrácidos

TEMA 23: Nomenclatura de oxiácidos

TEMA 24: Reacciones químicas

TEMA 25: Balanceo por método de tanteo

TEMA 26: Ley de la conservación de la materia

TEMA 27: Ecuaciones químicas: reacciones de síntesis

TEMA 28: Ecuación químicas: reacciones de sustitución simple

TEMA 29: Estequiometría moles-moles

Tema 30: Estequiometría masa-moles

TEMA 31: Ley de Boyle

TEMA 32: Ley de Charles

TEMA 33: Ley de Gay-Lussac

TEMA 34: Ley general de los gases ideales

TEMA 35: Ecuación del gas ideal

TEMA 36: Acidez. PH y POH

TEMA 37: Soluciones químicas: porcentaje en masa y en volumen

TEMA 38: Soluciones químicas: molaridad

Made in the USA
Monee, IL
08 November 2026

68002052R00195